典型计算机算法的
分析、设计与实现

郭红涛　著

中国水利水电出版社
www.waterpub.com.cn
·北京·

内 容 提 要

本书将典型的经典问题和算法设计技术巧妙地进行结合,系统地论述算法设计技术及其在经典问题中的应用。主要内容包括:计算机算法的基础知识、算法复杂性分析、贪心算法、分治策略、动态规划、随机算法、图的搜索算法、NP 完全问题。本书结构合理,内容丰富,深入浅出,图例丰富,理论性与实用性并重,可读性强,是一本值得学习研究的著作。

图书在版编目(CIP)数据

典型计算机算法的分析、设计与实现 / 郭红涛著
. -- 北京 : 中国水利水电出版社,2016.9(2025.4重印)
ISBN 978-7-5170-4654-7

Ⅰ. ①典… Ⅱ. ①郭… Ⅲ. ①计算机算法 Ⅳ.
①TP301.6

中国版本图书馆CIP数据核字(2016)第203600号

责任编辑:杨庆川 陈 洁 封面设计:马静静

书 名	典型计算机算法的分析、设计与实现 DIANXING JISUANJI SUANFA DE FENXI、SHEJI YU SHIXIAN
作 者	郭红涛 著
出版发行	中国水利水电出版社
	(北京市海淀区玉渊潭南路 1 号 D 座 100038)
	网址:www. waterpub. com. cn
	E-mail:mchannel@263. net(万水)
	sales@ mwr.gov.cn
	电话:(010)68545888(营销中心)、82562819 (万水)
经 售	全国各地新华书店和相关出版物销售网点
排 版	北京厚诚则铭印刷科技有限公司
印 刷	天津光之彩印刷有限公司
规 格	170mm×240mm 16 开本 15.5 印张 201 千字
版 次	2016年9月第1版 2025年4月第2次印刷
印 数	1501-2500册
定 价	46.50 元

前　言

计算机行业是个肥沃且充满勃勃生机的生态圈,不断孕育着一代又一代的新技术、新概念,毫无疑问,那些站在科技浪尖的技术概念自然成为开发者的宠儿。纵观计算机行业的发展历程,不难发现无论该行业的浪潮多么朝夕莫测,计算机和软件发展背后的根基却岿然屹立、经年不变,算法便是其根基之一,它对计算机行业的发展起着不可估量的作用。

"什么是算法?"一个常见的回答是,"完成一个任务所需的一系列步骤"。在日常生活中经常会碰到算法,刷牙的时候会执行一个算法:打开牙膏盖,拿出牙刷,持续执行挤牙膏操作直到足量的牙膏涂在你的牙刷上,盖上牙膏盖,将牙刷放到嘴的 1/4 处,上下移动牙刷 N 秒,等等。如果你必须乘通勤车去工作,乘通勤车也是一个算法。诸如此类。

计算机算法与日常所运行的算法一样会影响人每天的生活。你使用过 GPS 来寻找旅行路线吗? 它运行一种称为"最短路径"的算法以寻求路线。你在网上购买商品吗? 那么你会使用(应该正在使用)一个运行加密算法的安全网站。当你在网上购买商品时,它们是由一个私营快递公司发货的吗? 它使用算法将包裹分配给不同的卡车,然后确定每个司机发件的顺序。算法运行在各种设备上——在你的笔记本上,服务器上,智能手机上,嵌入式系统上(例如你的车中,你的微波炉中,或者气候控制系统中)——无处不在!

本书将典型的经典问题和算法设计技术巧妙地进行结合,系统地论述算法设计技术及其在经典问题中的应用。全书共 8 章。第 1 章介绍计算机算法的基础知识。第 2 章对算法的复杂性进行了分析。第 3~8 章分别介绍贪心算法、分治策略、动态规划、随机算法、图的搜索算法、NP 完全问题。

由于时间仓促，作者水平有限，本书难免存在疏漏之处，恳请广大读者批评指正，不吝赐教。

作　者

2016 年 3 月

目 录

第 1 章 计算机算法的基础知识

计算机算法是以一步接一步的方式来详细描述计算机如何将输入转化为所要求的输出的过程,或者说,算法是对计算机上执行的计算过程的具体描述。

1.1 算法及其描述

算法,简言之就是解决问题的方法。人们解决问题的过程一般由若干步骤组成,通常把解决问题的确定方法和有限步骤称为算法。如果相关问题的解决最终由计算机来实现,又由于计算机不具备思考能力以及人的"跳跃性思维"等因素,因此方法的确定和对步骤的描述尤为重要。

算法是对解题过程的描述,这种描述是建立在程序设计语言这个平台之上的。就算法的实现平台而言,可以抽象地对算法的定义如下。

算法 = 控制结构 + 原操作(对固有数据类型的操作)

无论是面向对象程序设计语言,还是面向过程的程序设计语言,都是用三种基本结构(顺序结构、选择结构和循环结构)来控制算法流程的。每个结构都应该是单入口单出口的结构体。结构化算法设计常采用自顶向下逐步求精的设计方法,因此,要描述算法首先需要有表示三个基本结构的构件,其次能方便支持自顶向下逐步求精的设计方法。

表示算法的方式主要有自然语言、流程图、盒图、PAD 图、伪代码和计算机程序设计语言。

1. 自然语言

自然语言是人们日常所用的语言,如汉语、英语、德语等,使用这些语言不用专门训练,所描述的算法自然也通俗易懂。

2. 流程图

流程图是描述算法的常用工具,就简单算法的描述而言,流程图优于其他描述算法的语言。

流程图的基本组件,如图 1-1 所示。

算法的入口和出口　　　加工、处理　　　　条件　　　　控制流　　　连接点

图 1-1　流程图的基本组件

以下是流程图的 3 种基本控制结构的描述。

（1）顺序结构

流程图的顺序结构如图 1-2 所示。

（2）选择结构

if-then-else 型分支,如图 1-3 所示;do-case 型多分支,如图 1-4 所示。

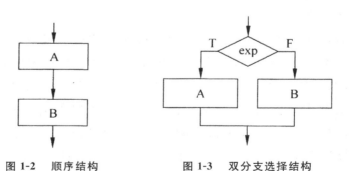

图 1-2　顺序结构　　　　**图 1-3　双分支选择结构**

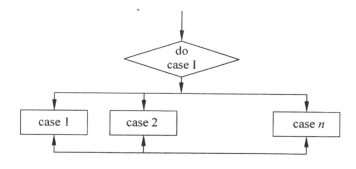

图 1-4　多分支选择结构

（3）循环结构

do-while 型循环，如图 1-5 所示；do-until 循环结构，如图 1-6 所示。

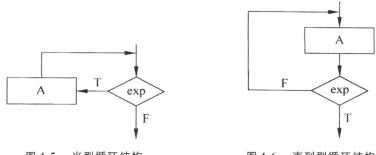

图 1-5　当型循环结构　　　　图 1-6　直到型循环结构

算法流程图虽然看起来清晰简单，但是具有一定的局限性，并没有纵观全局，所以说它并不是逐步求精的好工具。而且随意性太强，逻辑不严谨，结构化和层次感都不明显。

3.盒图

盒图（NS流程图）基本组件只有3种基本控制结构，因此能强迫算法结构化。盒图的基本控制结构可分为顺序结构、选择结构及循环结构三种。

以下是盒图的3种基本控制结构的描述。

（1）顺序结构

盒图的顺序结构如图 1-7 所示。

（2）选择结构

盒图的选择结构如图 1-8 和图 1-9 所示。

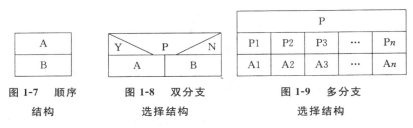

图 1-7　顺序
结构

图 1-8　双分支
选择结构

图 1-9　多分支
选择结构

（3）循环结构

盒图的循环结构如图 1-10 和图 1-11 所示。

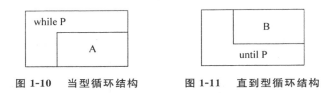

图 1-10　当型循环结构　　　图 1-11　直到型循环结构

4. PAD 图

问题分析图（problem analysis diagram，PAD）是一个二维树形结构图，层次感强、嵌套明确且有清晰的控制流程，综合了自然语言、流程图、盒图等算法描述方式的优点。

（1）顺序结构

PAD 图的顺序结构如图 1-12 所示。

（2）选择结构

PAD 图的选择结构如图 1-13 和图 1-14 所示。

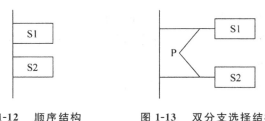

图 1-12　顺序结构　　　图 1-13　双分支选择结构

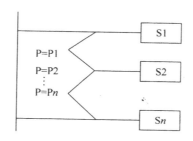

图 1-14　多分支选择结构

（3）循环结构

PAD 图的循环结构如图 1-15 和图 1-16 所示。

图 1-15　当型循环结构　　　图 1-16　直到型循环结构

图 1-17 是用问题分析图描述的一个算法模块。

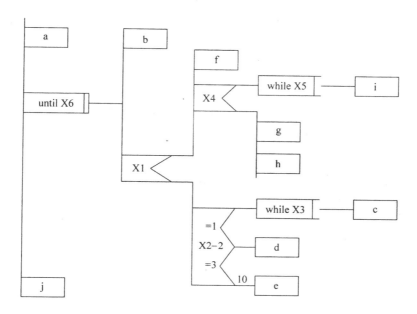

图 1-17　问题分析图实例

PAD 图的优点如下：

①使用表示结构化控制结构的 PAD 符号设计出来的算法一定是结构化的,这一点毋庸置疑。

②使用 PAD 图对算法进行描绘,结构清晰,一目了然。

③使用 PAD 图对算法进行描述,有利于用户的理解与记忆。

④很容易将 PAD 图转换成高级程序语言源程序,这种转换可由软件工具自动完成。

⑤不仅可以表示算法逻辑,还可以描绘数据结构。

⑥PAD 图的符号支持自顶向下、逐步求精方法的使用。

PAD 图的缺点:由于 PAD 是用图形符号书写,与其他语言相比,编辑、录入操作不方便。

5.伪代码

伪代码介于自然语言和计算机语言之间,不用图形符号,可以将整个算法运行过程的结构用接近自然语言的形式描述出来,使被描述的算法可以容易地以任何一种编程语言实现。与程序设计语言相比,使用伪代码对算法进行描述,更便于理解。

6.程序设计语言

计算机只能识别程序设计语言,因此,使用自然语言、流程图、PAD 图、盒图、伪代码对算法进行描述最终还是要转换为计算机可以识别的程序设计语言。程序设计语言是一种被标准化的交流技巧,用来向计算机发出指令,具有其他语言无法比拟的严谨性。

1.2　算法与程序

所谓程序,就是一组计算机能识别与执行的指令。每一条指令使计算机执行特定的操作,用来完成一定的功能。

计算机的一切操作都是由程序控制的，离开了程序，计算机将一事无成。从这个意义来说，计算机的本质是程序的机器，程序是计算机的灵魂。

那么，程序与算法是什么关系呢？

算法是程序的核心。程序是某一算法用计算机程序设计语言的具体实现。事实上，当一个算法使用计算机程序设计语言描述时，就是程序。具体来说，一个算法使用 C 语言描述，就是 C 程序。

程序设计的基本目标是应用算法对问题的原始数据进行处理，从而解决问题，获得所期望的结果。在能实现问题求解的前提下，要求算法运行的时间短，占用系统空间小。

初学者往往把程序设计简单地理解为编写一个程序，这是不全面的。一个程序应包括对数据的描述与对运算操作的描述两个方面的内容。

著名计算机科学家尼克劳斯·沃思（Niklaus Wirth）就此提出一个公式：

$$数据结构 + 算法 = 程序$$

数据结构是对数据的描述，而算法是对运算操作的描述。

实际上，一个程序除了数据结构与算法这两个要素之外，还应包括程序设计方法。一个完整的 C 程序除了应用 C 语言对算法的描述之外，还包括数据结构的定义以及调用头文件的指令。

如何根据案例的具体情况确定并描述算法，如何为实现该算法设置合适的数据结构，是求解实际案例必须面对的问题。

例 1.1　构建对称方阵。

试观察图 1-18 所示的横竖折对称方阵（a）与斜折对称方阵（b）的构造特点，总结归纳其构造规律，设计并输出以上两种形式的 n（奇数）阶对称方阵。

这是一道培养与锻炼观察能力、归纳能力与设计能力的有趣案例。

设置二维数组 $a[m][n]$ 存储 n 阶方阵的元素，数组

$a[n][n]$就是数据结构。本例求解算法主要是给以数组赋值与输出。一个一个元素赋值显然行不通,必须根据方阵的构造特点,归纳其构造规律,分区域给各元素赋值。

(1) 横竖折对称方阵

构造规律与赋值要点:

观察横竖折对称方阵的构造特点,方阵横向与纵向正中各有一个对称轴。两个对称轴所分 4 个小矩形区域表现为自对称轴向两侧递减,至 4 顶角元素为 1。

设阶数 n(奇数)从键盘输入,对称轴为 $m = \dfrac{n+1}{2}$。

设置二维 a 数组存储方阵行号为 i,列号为 j,$a[i][j]$ 为第 i 行第 j 列元素。

可知主对角线(从左上至右下)有 $i = j$,次对角线(从右上至左下)有 $i + j = n + 1$。

按两条对角线把方阵分成上部、左部、右部与下部 4 个区,如图 1-19 所示。

```
1 2 3 4 3 2 1      0 1 2 3 2 1 0
2 2 3 4 3 2 2      1 0 1 2 1 0 1
3 3 3 4 3 3 3      2 1 0 1 0 1 2
4 4 4 4 4 4 4      3 2 1 0 1 2 3
3 3 3 4 3 3 3      2 1 0 1 0 1 2
2 2 3 4 3 2 2      1 0 1 2 1 0 1
1 2 3 4 3 2 1      0 1 2 3 2 1 0
      (a)                (b)
```

图 1-18 两个 7 阶对称方阵   图 1-19 对角线分成的 4 个区

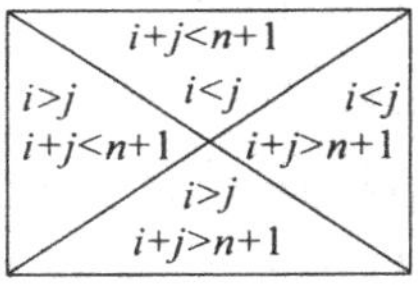

对角线上的元素可归纳到上、下部。

上、下部按列号 j 的函数 $m - abs(m-j)$ 赋值:

if(i+j <= n+1 && i <= j || i+j >= n+1 && i >= j)

a[i][j] = m − abs(m−j);

左、右部按行号 i 的函数 $m - abs(m-i)$ 赋值:

if(i+j < n+1 && i > j || i+j > n+1 && i < j)

a[i][j] = m − abs(m−i);

程序设计:

```
//横竖折对称方阵，c141
#include<stdio.h>                    //调用两个头文件
#include<math.h>
void main()
{ int i,j,m,n,a[30][30];            //定义数据结构
  printf("请确定方阵阶数(奇数)n:");scanf("%d",&n);
  if(n%2==0)
  {
    printf("请输入奇数!");
    return;
  }
  m=(n+1)/2;
  for(i=1;i<=n;i++)
     for(j=1;j<=n;j++)
     {
       if(i+j<=n+1&&i<=j||i+j>=n+1&&i>=j)
          a[i][j]=m-abs(m-j);        //方阵上、下部元素赋值
       if(i+j<n+1&&i>j||i+j>n+1&&i<j)
          a[i][j]=m-abs(m-i);        //方阵左、右部元素赋值
     }
  printf("%d阶对称方阵为:\n",n);
  for(i=1; i<=n; i++)
  {    for(j=1;j<=n;j++)             //输出对称方阵
          printf("%3d",a[i][j]);
     printf("\n");
  }
}
```

（2）斜折对称方阵构造规律与赋值要点

斜折对称方阵的两个对角线上均为 0，依两对角线把方阵分为 4 个区域，每一区域表现为同数字依附两对角线折叠对称，至上下左右正中元素为 $\frac{n}{2}$。

同样设置二维 $a[n][n]$ 数组存储方阵中的元素，行号为 i，列号为 j，$a[i][j]$ 为第 i 行第 j 列元素。

令 $m=\frac{n+1}{2}$，按 m 把方阵分成的 4 个小矩形区，如图 1-20 所示。

注意到方阵的主对角线（从左上至右下）上的元素为 $i=j$，则左上区与右下区依主对角线赋值：

$a[i][j] = abs(i-j);$

注意到方阵的次对角线（从右上至左下）上的元素为 $i+j=n+1$，则右上区与左下区依次对角线赋值：

$a[i][j] = abs(i+j-n-1);$

程序设计：

```
//斜折对称方阵，c142
#include<math.h>
#include<stdio.h>
void main()
{
  int i,j,m,n,a[30][30];
  printf("请确定方阵阶数(奇数)n:");scanf("%df",&n),
  if(n%2==0)
  {
     printf("请输入奇数!");
     return;
  }
  m=(n+1)/2;
  for(i=1;i<=n;i++)
     for(j=1;j<=n;j++)
     {
         if(i<=m&&j<=m||i>m&&j>m)
            a[i][j]=abs(i-j);      //方阵左上部与右下部元素赋值
         if(i<=m&&j>m||i>m&&j<=m)
            a[i][j]=abs(i+j-n-1);   //方阵右上部与左下部元素赋值
     }
  printf("%d阶对称方阵为:\n",n);
  for(i=1;i<=n;i++)
  {
     for(j=1;j<=n;j++)             //输出对称方阵
        printf("%3d",a[i][j]);
     printf("\n");
  }
}
```

以上两个完整的 C 程序包含了算法描述（整数的输入、数组元素的赋值与输出）、数据结构（a 数组与变量 i,j,m,n）的定义以及两个 C 头文件的调用。

运行以上两个程序，可以在欣赏各个具体的对称方阵中感受从特别到一般的神奇。

$i \leq m$ $j \leq m$	$i \leq m$ $j > m$
$i > m$ $j \leq m$	$i > m$ $j > m$

图 1-20　按 m 分成的 4 个小矩形区

1.3　基本的数据结构

1.3.1　线性结构

最重要最基本的数据结构是数组和链表。它们的特点是除第一个和最后一个元素外，其余的每个元素都仅有一个直接前驱和一个直接后继，这样组成了一种一对一的顺序结构。

线性表的实现方式有顺序方式和链式方式，顺序方式通常利用数组完成，链式方式通过链表实现。数组通过下标对线性结构进行随机存取，但与此带来的问题是当有元素插入或删除时将会引起大规模的数据移动。链表可以方便地解决数据插入和删除的问题，但是当访问某个元素时只能从头开始顺序查找。

数组和链表都属于一种称为线性列表的抽象数据结构，也是线性列表最主要的两种表现形式。列表是由数据项构成的有限序列，即按照一定的线性顺序排列的数据项集合。使用最多的两种特殊形式是栈和队列。栈是插入和删除操作都只能在栈顶进行的数据结构，它的特点是后进先出。队列是插入和删除操作分别在队列的两端进行的数据结构，它的特点是先进先出。栈和队列在许多应用问题中被不断地用到，对它们的改进和延伸也非常多。

1.3.2　树结构

树是一种一对多关系的数据结构，表现在父亲节点可以有多个孩子节点，森林是多棵树的组合。树的边数总是比它的顶点数少一。

树型结构是以分支关系定义的层次结构，它是一种重要的非线性结构。该结构在客观世界中广泛存在，例如人类的家庭族谱、各种社会组织机构、计算机文件管理和信息组织方面都用到该结构。

树中一个非常重要的特性是树的任意两个节点之间总是恰好存在一条从一个节点到另一个节点的简单路径。树结构多用来描述层次关系，例如，文件目录、组织结构图等等。

树的主要应用有状态空间树，在回溯和分支限界章节中将会介绍，这里先不阐述。

树的另一个主要应用是排序树，如二叉查找树、多路查找树等。

1.3.3 图结构

图是一种比线性表和树更为复杂的数据结构。在线性表中，数据元素之间仅存在线性关系，即每个元素只有一个直接前驱和一个直接后继。在树型结构中，元素之间具有明显的层次关系。每一个元素只能和上一层（如果存在的话）的一个元素相关，但可以和下一层的多个元素相关。在图形结构中，元素之间的关系可以是任意的，一个图中任意两个元素都可以相关，即每个元素可以有多个前驱和多个后继。

图结构描述的是一种多对多的关系，具体表现在图结构包括顶点和边两种元素，刻画图结构需要刻画顶点和顶点、顶点和边之间的关系，所以，一般用邻接链表和邻接矩阵等方法进行刻画。根据图中边的方向性，图可以分为有向图和无向图两种。

如果在图的边上加上权值，这个权值可以表示代价，这时的图就称为加权图，加权图可以用改造后的邻接链表或者邻接矩阵表示。

图的主要特性有连通性和无环性，二者都与路径有关。从图的顶点 u 到顶点 v 的路径可以这样定义：它是图中始于 u 止于 v 的邻接顶点序列。如果是无向图，那么从顶点 u 到顶点 v 的路径和从顶点 v 到顶点 u 的路径是相同的，而有向图却不是这样的。

图的连通性是指从某指定顶点到另一指定顶点是否有简单路径,如果有,那么这两点是连通的。连通性在实际应用中有很大意义,例如,在修建交通设施的时候考虑不同城市之间的连通性,如果我们短期不可能构造全连通的图,可以设置几个重要的枢纽节点,以构造部分连通。

图的无环性与图的回路有关,图的回路是这样一种路径,它的起点和终点是同一个顶点,并且该路径的长度大于 0,同时每边只能出现一次。实际中,我们绕一圈又回到原点构成回路。在不同情况下,图是否包含回路,对所研究的问题将产生非常重要的影响,许多重要的算法要求图是无环图,因为一旦图有回路,算法将不再收敛,而产生无限循环的结果。上节所说的树结构就是一种无环图。

1.3.4　集合

集合在计算机中一般用序列或者位串表示。序列需要穷举所有的元素,可以采用数组或链表;而位串是用元素个数长的比特串表示元素,如果某元素包含在集合中,则对应的比特位为 1,反之则为 0。

在计算时,对集合的最多操作就是从集合中查找一个元素、增加一个元素或删除一个元素。能够实现这三种操作的数据结构称为字典。如果处理的是动态内容的查找,那么必须考虑字典的查找效率和增、删效率,在实现上需要平衡二者的效率关系。实现字典时,简单的可以用数组实现,如果追求高效时可以使用散列法和平衡查找树等复杂技术实现。

1.3.5　数据的物理结构

数据的物理结构是指数据在计算机中的存储形式,包括顺序结构、链式结构、索引结构和散列结构等等。一旦确定了数据的物理结构,我们就可以定义在此之上的各种数据操作。例如,单个数据的插入或删除、数据的查找、数据的重新组织等等。掌握了这些,我们对于数据结构的理解就达到了要求,以此为基础,我们便可以进行算法之旅了。

第 2 章　算法复杂性分析

本章主要讨论算法的时间复杂性和空间复杂性,并对渐进符号进行简单介绍,通过学习对一些具体的算法进行算法分析,并且进一步使读者认识到:一个算法的时间复杂度和空间复杂度往往是不独立的,在算法设计中要在时间效率和空间效率之间折中。

2.1　算法的时间复杂性分析

算法是解决问题的方法,一个问题可以有多种解决方法,不同的算法之间就有了优劣之分。如何对算法进行比较呢?算法可以比较的方面很多,如易读性、健壮性、可维护性、可扩展性等,但这些都不是最关键的方面,算法的核心和灵魂是效率。试想,一个需要运行很多年才能给出正确结果的算法,就算其他方面的性能再好,也是一个不实用的算法。

算法的时间复杂性(time complexity)分析是一种事前分析估算的方法,它是对算法所消耗资源的一种渐进分析方法。渐进分析(asymptotic analysis)是指忽略具体机器、编程语言和编译器的影响,只关注在输入规模增大时算法运行时间的增长趋势。渐进分析的好处是大大降低了算法分析的难度,是从数量级的角度评价算法的效率的。

2.1.1　输入规模与基本语句

撇开与计算机软硬件有关的因素,影响算法时间代价的最主要的因素是输入规模。输入规模(input scale)是指输入量的多少,它可以从问题描述中得到。例如,找出 100 以内的所有素数,输入规模是100;对一个具有 n 个整数的数组进行排序,输入规模是 n。一个显而易见的事实是:几乎所有的算法,对于规模更大的输入都需要运行更长的时间。例如,需要更多时间来对更大的数组排序,更大的矩阵转置需要更长的时间。所以运行算法所需要的时间 T 是输入规模 n 的函数,记作 $T(n)$。

例 2.1   对如下顺序查找算法,请找出输入规模和基本语句。

```
int SeqSearch(int A[],int n,int k)    //在数组A[n]中查找值为k的记录
{
    for(int i=0;i<n;i++)
        if(A[i]==k)break;
    if(i==n)return 0;                  //查找失败, 返回失败的标志0
    else return(i+1);                  //查找成功, 返回记录的序号
}
```

解:算法的运行时间主要耗费在循环语句,循环的执行次数取决于待查找记录个数 n 和待查值 k 在数组中的位置,每执行一次 for 循环,都要执行一次元素比较操作。因此,输入规模是待查找的记录个数 n,基本语句是比较操作(A[i] == k)。

例 2.2   对如下起泡排序算法,请找出输入规模和基本语句。

```
void BubbleSort(int r[],int n)
{
    int bound,exchange=n-1;            //第一趟起泡排序的区间是[0,n-1]
    while(exchange!=0)                 //当上一趟排序有记录交换时
    {
        bound=exchange,exchange=0;
        for(int j=0;j<bound;j++)       //一趟起泡排序区间是[0,bound]
        if(r[j]>r[j+1])
        {
            int temp=r[j];r[j]=r[j+1];r[j+1]=temp;    //交换记录
            exchange=j;                //记载每一次记录交换的位置
        }
    }
}
```

解:算法由两层嵌套的循环组成,内层循环的执行次数取决于每一趟待排序区间的长度,也就是待排序记录个数,外层循环的终止条件是在一趟排序过程中没有交换记录的操作,是否有交换记录的操作取决于相邻两个元素的比较结果,即每执行一次 for 循环,都要执行一次比较操作,而交换记录的操作却不一

定执行。因此,输入规模是待排序的记录个数 n,基本语句是比较操作($r[j] > r[j+1]$)。

例 2.3　下列算法实现将两个升序序列合并成一个升序序列,请找出输入规模和基本语句。

```
void Union(int A[],int n,int B[],int m,int C[])      //合并A[n]和B[m]
{
    int i=0,j=0,k=0;
    while(i<n&&j<m)
    {
        if(A[i]<=B[j])C[k++]=A[i++];        //A[i]与B[j]中较小者存入c[k]
        else C[k++]=B[j++];
    }
    while(i<n)C[k++]=A[i++];                 //收尾处理,序列A中还有剩余记录
    while(j<m)C[k++]=B[j++];                 //收尾处理,序列B中还有剩余记录
}
```

解:算法由三个并列的循环组成,三个循环将序列 A 和 B 扫描一遍,因此,输入规模是两个序列的长度 n 和 m。第一个循环根据比较结果决定执行两个赋值语句中的一个,因此,可以将比较操作($A[i] <= B[j]$)作为基本语句;第二个循环的基本语句是赋值操作($C[k++] = A[i++]$);第三个循环的基本语句是赋值操作($C[k++] = B[j++]$)。

2.1.2　算法的渐进分析

算法的渐进分析不是从时间量上度量算法的运行效率,而是度量算法运行时间的增长趋势。只考察当输入规模充分大时,算法中基本语句的执行次数在渐近意义下的阶,通常使用大 O(读作大欧)符号表示。

定义 2.1　若存在两个正的常数 c 和 n_0,对于任意 $n \geqslant n_0$,都有 $T(n) \leqslant c \times f(n)$,则称 $T(n) = O(f(n))$(或称算法在 $O(f(n))$ 中)。

大 O 符号用来描述增长率的上限,表示 $T(n)$ 的增长最多像 $f(n)$ 增长的那样快,这个上限的阶越低,结果就越有价值。大 O

符号的含义如图 2-1 所示,为了说明这个定义,将问题的输入规模 n 扩展为实数。

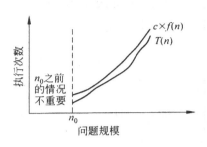

图 2-1　大 0 符号的含义

定义 2.1 表明对于函数 $f(n)$ 来说,可能存在多个函数 $T(n)$,使得 $T(n) = O(f(n))$,换言之,$O(f(n))$ 实际上是一个函数集合,这个函数集合具有同样的增长趋势,$T(n)$ 只是这个集合中的一个函数。而且定义 2.1 给了很大的自由度来选择常量 c 和 n_0 的特定值,例如,下列推导都是合理的。

$$100n + 5 \leqslant 100n + n = 101n = O(n) \quad (c = 101, n_0 = 5)$$

$$100n + 5 \leqslant 100n + 5n = 105n = O(n) \quad (c = 105, n_0 = 1)$$

例 2.4　分析例 2.3 中合并算法的时间复杂性。

解:假设在退出第一个循环后 i 的值为 n,j 的值为 m',说明序列 A 处理完毕,第二个循环将不执行,则第一个循环的时间复杂性为 $O(n + m')$,第三个循环的时间复杂性为 $O(m - m')$,因此,算法的时间复杂性为 $O(n + m' + m - m') = O(n + m)$;假设在退出第一个循环后 j 的值为 m,i 的值为 n',说明序列 B 处理完毕,第三个循环将不执行,则第一个循环的时间复杂性为 $O(n' + m)$,第二个循环的时间复杂性为 $O(n - n')$,因此,算法的时间复杂性为 $O(n' + m + n - n') = O(n + m)$。综上,三个循环将序列 A 和 B 分别扫描一遍,算法的时间复杂性为 $O(n + m)$。

2.1.3　最好、最坏和平均情况

有些算法的时间代价只依赖于问题的输入规模,而与输入的具体数据无关。例如，例 2.3 的合并算法对于任意两个有序序列，算法的时间复杂性都是 $O(n+m)$。但是，对于某些算法，即使输入规模相同，如果输入数据不同，其时间代价也不相同。

例 2.5   分析例 2.1 中顺序查找算法的时间复杂性。

解：顺序查找从第一个元素开始，依次比较每一个元素，直至找到 k，而一旦找到了 k，算法也就结束了。如果数组的第一个元素恰好就是 k，算法只要比较一个元素就行了，这是最好情况，时间复杂性为 $O(1)$；如果数组的最后一个元素是 k，算法就要比较 n 个元素，这是最坏情况，时间复杂性为 $O(n)$；如果在数组中查找不同的元素，假设数据是等概率分布的，则 $\sum_{i=1}^{n} p_i c_i = \frac{1}{n} \sum_{i=1}^{n} i = \frac{n+1}{2} = O(n)$，即平均要比较大约一半的元素，这是平均情况，时间复杂性和最坏情况同数量级。

最好情况（best case）不能作为算法性能的代表，因为发生的概率太小，对于条件的考虑太乐观了。但是，当最好情况出现的概率较大的时候，应该分析最好情况。

分析最坏情况（worst case）可以知道算法的运行时间最坏能坏到什么程度，这一点在实时系统中尤其重要。

通常需要分析平均情况（average case）的时间代价，特别是算法要处理不同的输入时，但它要求已知输入数据是如何分布的，也就是考虑各种情况发生的概率，然后根据这些概率计算出算法效率的期望值，因此，平均情况分析比最坏情况分析更困难。通常假设是等概率分布，这也是在没有其他额外信息时能够进行的唯一可能假设。

2.1.4   非递归算法的时间复杂性分析

从算法是否递归调用的角度，可以将算法分为非递归算法和递归算法。对非递归算法时间复杂性的分析，关键是建立一个代表算法运行时间的求和表达式，然后用渐进符号表示这个求和表达式。

例 2.6   分析例 2.2 中起泡排序算法的时间复杂性。

解：起泡排序算法的基本语句是比较操作，其执行次数取决于排序的趟数。最好情况下，待排序记录序列为升序，算法只执行一趟，进行了 $n-1$ 次比较，时间复杂性为 $O(n)$。最坏情况下，待排序记录序列为降序，每趟排序在无序序列中只有一个最大的记录被交换到最终位置，算法执行 $n-1$ 趟，第 $i(1 \leqslant i < n)$ 趟排序执行了 $n-i$ 次比较，则记录的比较次数为 $\sum\limits_{i=1}^{n-1}(n-i)=\dfrac{n(n-1)}{2}$，时间复杂性为 $O(n^2)$。

平均情况需要考虑初始序列中逆序的个数。设 $a_1,a_2,\cdots,a_n$ 是集合 $\{1,2,\cdots,n\}$ 的一个排列，如果 $i < j$ 且 $a_i > a_j$，则序偶 (a_i,a_j) 称为该排列的一个逆序（inverse order）。如 2,3,1 有两个逆序：$(3,1)$ 和 $(2,1)$。为了确定相邻的两个记录是否需要交换，必须对这两个记录进行比较，因此，初始序列中逆序的个数，也就是记录比较次数的下界。n 个记录共有 $n!$ 种排列，所有排列中逆序的平均个数，就是算法所需平均比较次数的下界。

例如，集合 $(1,2,3)$ 的排列有 $3!=6$ 种：123(0)、132(1)、213(1)、231(2)、312(2) 和 321(3)，括号中是每种排列的逆序个数。令 $S(k)$ 表示逆序个数为 k 的排列数目，则有 $S(0)=1$、$S(1)=2$、$S(2)=2$ 和 $S(3)=1$。令 $\mathrm{mean}(n)$ 表示 n 个元素的所有排列中逆序的平均个数，则

$$\mathrm{mean}(3)=\frac{1}{3!}[S(0)\times 0+S(1)\times 1+S(2)\times 2+S(3)\times 3]=1.5$$

对于 n 个记录的所有初始排列，最好情况下，逆序的个数是 0，最坏情况下，逆序的个数是 $n(n-1)/2$，其余所有排列，逆序的个数在这二者之间。Donald Kunth 对逆序的分布规律进行了研究，得出了下面的式子：

$$\mathrm{mean}(n)=\frac{1}{n!}\sum_{k=0}^{n(n-1)/2}S(k)\times k=\sum_{k=1}^{n}\frac{k-1}{2}=\frac{1}{4}n(n-1)$$

因此,平均情况下,起泡排序的时间复杂性是 $O(n^2)$,与最坏情况同数量级。

2.1.5 递归算法的时间复杂性分析

对递归算法时间复杂性的分析,关键是根据递归过程建立递推关系式,然后求解这个递推关系式。扩展递归(extended recursion)是一种常用的求解递推关系式的基本技术,扩展就是将递推关系式中等式右边的项根据递推式进行替换,扩展后的项被再次扩展,依此下去,会得到一个求和表达式,就可以借助于求和技术了。

例 2.7   使用扩展递归技术分析下面递推式的时间复杂性。

$$T(n) = \begin{cases} 7 & n = 1 \\ 2T(n/2) + 5n^2 & n > 1 \end{cases}$$

解:为了简单起见,假定 $n = 2^k$。将递推式像下面这样扩展:

$$\begin{aligned} T(n) &= 2T(n) + 5n^2 = 2(2T(n/4) + 5(n/2)^2) + 5n^2 \\ &= 2(2(2T(n/8) + 5(n/5)^2) + 5(n/2)^2) + 5n^2 \\ &\vdots \\ &= 2^k T(1) + 2^{k-1} \times 5\left(\frac{n}{2^{k-1}}\right)^2 + \cdots + 2 \times 5\left(\frac{n}{2}\right)^2 + 5n^2 \end{aligned}$$

最后这个表达式可以使用如下的求和表示:

$$\begin{aligned} T(n) &= 7n + 5\sum_{i=0}^{k-1}\left(\frac{n^2}{2^i}\right) \\ &= 7n + 5n^2\left(2 - \frac{1}{2^{k-1}}\right) \\ &= 10n^2 - 3n \leqslant 10n^2 = O(n^2) \end{aligned}$$

递归算法实际上是一种分而治之的方法,它把复杂问题分解为若干个简单问题来求解,递归算法通常满足如下通用分治递推式:

$$T(n) = \begin{cases} c & n = 1 \\ aT(n/b) + cn^k & n > 1 \end{cases}$$

其中, a,b,c 和 k 都是常数。这个递推式描述了大小为 n 的原问题分解为若干个大小为 n/b 的子问题,其中 a 个子问题需要求解, cn^k 是合并各个子问题的解需要的工作量。

定理 2.1　设 $T(n)$ 是一个非递减函数,且满足通用分治递推式,则有如下结果成立:

$$T(n) = \begin{cases} O(n^{\log_b a}) & a > b^k \\ O(n^k \log_b n) & a = b^k \\ O(n^k) & a < b^k \end{cases}$$

证明:下面使用扩展递归技术对通用分治递推式进行推导,并假定 $n = b^m$ 。

$$T(n) = aT\left(\frac{a}{b}\right) + cn^k = a\left(aT\left(\frac{a}{b^2}\right) + c\left(\frac{n}{b}\right)^k\right) + cn^k$$

$$= a^m T(1) + a^{m-1} c\left(\frac{n}{b^{m-1}}\right)^k + \cdots + ac\left(\frac{n}{b}\right)^k + cn^k$$

$$= c \sum_{i=0}^{m} a^{m-i}\left(\frac{n}{b^{m-i}}\right)^k$$

$$= c \sum_{i=0}^{m} a^{m-i} b^{ik}$$

$$= ca^m \sum_{i=0}^{m} \left(\frac{b^k}{a}\right)^i$$

这个求和是一个几何级数,其值依赖于比率 $r = \dfrac{b^k}{a}$ 等,注意到 $a^m = a^{\log_b n} = n^{\log_b a}$,则有以下三种情况。

①$r < 1$: $\sum_{i=0}^{m} r^i < \dfrac{1}{1-r}$,由于 $a^m = n^{\log_b a}$,所以, $T(n) = O(n^{\log_b a})$ 。

②$r = 1$: $\sum_{i=0}^{m} r^i = m + 1 = \log_b n + 1$,由于 $a^m = n^{\log_b a} = n^k$,所以, $T(n) = O(n^k \log_b a)$ 。

③$r > 1$: $\sum_{i=0}^{m} r^i = \dfrac{r^{m+1} - 1}{r - 1} = O(r^m)$,所以, $T(n) = O(a^m r^m)$ $= O(b^{km}) = O(n^k)$ 。

2.2　算法的空间复杂性分析

算法在运行过程中所需的存储空间包括：

① 输入输出数据占用的空间。

② 算法本身占用的空间。

③ 执行算法需要的辅助空间。

其中，输入输出数据占用的空间取决于问题，与算法无关；算法本身占用的空间虽然与算法相关，但一般其大小是固定的。算法的空间复杂性（space complexity）是指在算法的执行过程中需要的辅助空间数量，也就是除算法本身和输入输出数据所占用的空间外，算法临时开辟的存储空间，这个辅助空间数量也应该是输入规模的函数，通常记作

$$S(n) = O(f(n))$$

其中，n 为输入规模，分析方法与算法的时间复杂性类似。

例 2.8　分析例 2.2 中起泡排序算法的空间复杂性。

解：起泡排序算法的初始序列和排序结果都在数组 r[n] 中，在排序算法的执行过程中设置了 3 个简单变量，其中，变量 exchange 记载每趟排序最后一次交换的位置，变量 bound 表示每趟排序的待排序区间，变量 temp 作为交换记录的临时单元，因此，算法的空间复杂性为 $O(1)$。

如果算法所需的辅助空间相对于问题的输入规模来说是一个常数，我们称此算法为原地（或就地）工作。起泡排序算法属于就地排序。

例 2.9　分析例 2.3 中合并算法的空间复杂性。

解：在合并算法的执行过程中，可能会破坏原来的有序序列，因此，合并不能就地进行，需要将合并结果存入另外一个数组中。设序列 A 的长度为 n，序列 B 的长度为 m，则合并后的有序序列的长度为 $n + m$，因此，算法的空间复杂性为 $O(n+m)$。

2.3　算法的渐进符号

定义 2.2 [大 O] 函数 $f(n) = O(g(n))$，当且仅当存在正常数 c 和 n_0，使得 $f(n) \leqslant c * g(c)$ 对于所有 n，$n \geqslant n_0$ 都成立。

例 2.10　$3n+2 = O(n)$，因为对于所有 $n \geqslant 2$ 都有 $3n+2 \leqslant 4n$。$3n+3 = O(n)$，因为对于所有 $n \geqslant 3$ 都有 $3n+2 \leqslant 4n$。$100n+6 = O(n)$，因为对于所有 $n \geqslant 6$ 都有 $100n+6 \leqslant 101n$。$10n^2+4n+2 = O(n^2)$，因为对于所有 $n \geqslant 5$ 都有 $10n^2+4n+2 \leqslant 11n^2$。$1000n^2+100n-6 = O(n^2)$，因为对于所有 $n \geqslant 100$ 都有 $1000n^2+100n-6 \leqslant 1001n^2$。$6 * 2^n+n^2 = O(2^n)$，因为对于所有 $n \geqslant 4$ 都有 $6 * 2^n+n^2 \leqslant 7 * 2^n$。$3n+3 = O(n^2)$，因为对于所有 $n \geqslant 2$ 都有 $3n+3 \leqslant 3n^2$。$10n^2+4n+2 = O(n^4)$，因为对于所有 $n \geqslant 2$ 都有 $10n^2+4n+2 \leqslant 10n^4$。$3n+2 \neq O(1)$，因为不存在正常数 c 和 n_0，使得对于所有 n，$n \geqslant n_0$，都有 $3n+2 \leqslant c$，$10n^2+4n+2 \neq O(n)$。

$O(1)$ 是指计算时间是常数时间。$O(n)$ 被称为是线性的（linear）。$O(n^2)$ 被称为是二次方的（quadratic）。$O(n^3)$ 被称为是三次方的（cubic）。$O(2^n)$ 被称为是指数的（exponential）。如果一个程序的时间是 $O(\log n)$，当 n 足够大的时候要比 $O(n)$ 的程序快。类似地，$O(n \log n)$ 比 $O(n^2)$ 快，但不如 $O(n)$。这七类计算时间：$O(1)$、$O(\log n)$、$O(n)$、$O(n \log n)$、$O(n^2)$、$O(n^3)$ 以及 $O(2^n)$，是我们在本书中经常见到的。

如在前面的例子中所示，$f(n) = O(g(n))$ 只是说明了 $g(n)$ 是 $f(n)$ 在 $n \geqslant n_0$ 情况下值的一个上界。它并没有给出这个上界有多高。注意，$n = O(n^2)$，$n = O(n^{2.5})$，$n = O(n^3)$ 以及 $n = O(2^n)$ 等。为了让 $f(n) = O(g(n))$ 更有意义，$g(n)$ 应该是能够满足 $f(n) = O(g(n))$ 的 n 的函数中比较小的一个。因此，我们经常讲 $3n+3 = O(n)$，但几乎不讲 $3n+3 = O(n^2)$，尽管后者也是

对的。

　　由 O 的定义，显然 $f(n) = O(g(n))$ 与 $O(g(n)) = f(n)$ 是不同的。事实上，$O(g(n)) = f(n)$ 是没有意义的。所以这里用"＝"实际上有点问题，因为"＝"往往意味着等价的关系。由使用这个符号（本符号是标准术语）所带来的歧义，可以通过将此处的"＝"读为"是"而不读为"等于"来避免。

　　定理 2.2　　对于多项式函数 $f(n)$，给出一个跟 $f(n)$ 的次数相关的非常有用的结论。

　　定理 2.3　　如果 $f(n) = a_m n^m + \cdots + a_1 n + a_0$，那么 $f(n) = O(n^m)$。

　　证明：

$$f(n) \leqslant \sum_{i=0}^{m} |a_i| n^i$$

$$\leqslant n^m \sum_{i=0}^{m} |a_i| n^{i-m}$$

$$\leqslant n^m \sum_{i=0}^{m} |a_i|，对于所有 n \geqslant 1$$

因此，$f(n) = O(n^m)$（假设给定 m）。

　　定义 2.3[Ω]　　函数 $f(n) = \Omega(g(n))$，当且仅当存在正常数 c 和 n_0，使得 $f(n) \geqslant c * g(c)$ 对于所有 n，$n \geqslant n_0$ 都成立。

　　例 2.11　　$3n + 2 = \Omega(n)$，因为对于所有 $n \geqslant 1$ 都有 $3n + 2n \geqslant 3n$（不等式对 $n \geqslant 0$ 都成立，但定义要求 $n_0 > 0$）。$3n + 3 = \Omega(n)$，因为对于所有 $n \geqslant 1$ 都有 $3n + 3n \geqslant 3n$。$100n + 6 = \Omega(n)$，因为对于所有 $n \geqslant 1$ 都有 $100n + 6 \geqslant 100n$。$10n^2 + 4n + 2 = \Omega(n^2)$，因为对于所有 $n \geqslant 1$ 都有 $10n^2 + 4n + 2 \geqslant n^2$。$6 * 2^n + n^2 = \Omega(2^n)$，因为对于所有 $n \geqslant 1$ 都有 $6 * 2^n + n^2 \geqslant 2n$。注意，$3n + 3 = \Omega(1)$，$10n^2 + 4n + 2 = \Omega(n)$，$10n^2 + 4n + 2 = \Omega(1)$，$6 * 2^n + n^2 = \Omega(n^{100})$，$6 * 2^n + n^2 = \Omega(n^{50.2})$，$6 * 2^n + n^2 = \Omega(n^2)$，$6 * 2^n + n^2 = \Omega(n)$ 以及 $6 * 2^n + n^2 = \Omega(1)$。

　　与之前大 O 的情况类似，满足 $f(n) = \Omega(g(n))$ 的 $g(n)$ 有许

多个。函数 $g(n)$ 只是 $f(n)$ 的一个下界。为了让 $f(n) = \Omega(g(n))$ 更有意义，$g(n)$ 应该是满足 $f(n) = \Omega(g(n))$ 的函数中最大的那个。因此，我们经常讲 $3n + 3 = \Omega(n)$ 以及 $6 * 2^n + n^2 = \Omega(2^n)$，但很少讲 $3n + 3 = \Omega(1)$ 或者 $6 * 2^n + n^2 = \Omega(1)$，尽管后者也是正确的。

定理 2.4 是定理 2.3 在 Ω 情况下的类似结论。

定理 2.4   如果 $f(n) = a_m n^m + \cdots + a_1 n + a_0$，并且 $a_m > 0$，那么 $f(n) = O(n^m)$。

证明：略。

定义 2.4[Θ]   函数 $f(n) = \Theta(g(n))$，当且仅当存在正常数 c_1、c_2 和 n_0，使得 $c_1 g(c) \leqslant f(n) \leqslant c_2 g(c)$ 对于所有 $n, n \geqslant n_0$ 都成立。

例 2.12 $3n + 2 = \Theta(n)$，因为对于所有 $n \geqslant 2$ 都有 $3n + 2 \geqslant 3n$ 并且 $3n + 2 \leqslant 4n$，也就是说 $c_1 = 3$、$c_2 = 4$ 并且 $n_0 = 2$。$3n + 3 = \Theta(n)$，$10n^2 + 4n + 2 = \Theta(n)$，$6 * 2^n + n^2 = \Theta(2^n)$，以及 $10 * \log n + 4 = \Theta(\log n)$。$3n + 2 \neq \Theta(1)$，$3n + 3 \neq \Theta(n^2)$，$10n^2 + 4n + 2 \neq \Theta(n)$，$10n^2 + 4n + 2 \neq \Theta(1)$，$6 * 2^n + n^2 = \Theta(n^2)$，$6 * 2^n + n^2 = \Theta(n^{100})$ 以及 $6 * 2^n + n^2 = \Theta(1)$。

Θ 比大 O 和 Ω 要更准确些。$f(n) = \Theta(g(n))$，当且仅当 $g(n)$ 即是 $f(n)$ 的上界也是 $f(n)$ 的下界。

注意，在前面所有的例子中 $g(n)$ 中的系数都是 1。这与实际情况是一致的。我们几乎不会讲 $3n + 3 = O(3n)$，或者 $10 = O(100)$，或者 $10n^2 + 4n + 2 = \Omega(4n^2)$，或者 $6 * 2^n + n^2 = \Theta(6 * 2^n)$，或者 $6 * 2^n + n^2 = O(4 * 2^n)$，尽管这些说法也都是正确的。

定理 2.5   如果 $f(n) = a_m n^m + \cdots + a_1 n + a_0$，并且 $a_m > 0$，那么 $f(n) = O(n^m)$。

证明：略。

定义 2.5[小 o]   函数 $f(n) = o(g(n))$，当且仅当

$$\lim_{n \to \infty} \frac{f(n)}{g(n)} = 0$$

例 2.13 $3n + 2 = o(n^2)$，因为 $\lim_{n \to \infty} \frac{3n + 2}{n^2} = 0$。$3n + 2 = o(n\log n)$。$3n + 2 = o(n\log n\log n)$。$6 * 2^n + n^2 = o(3n)$。$6 * 2^n + n^2 = o(2^n\log n)$。$3n + 2 \neq o(n)$。$6 * 2^n + n^2 \neq o(2n)$。

与 o 类似的，还有 ω 定义如下。

定义 2.6[小 ω]   函数 $f(n) = \omega(g(n))$，当且仅当

$$\lim_{n \to \infty} \frac{f(n)}{\omega(n)} = 0$$

2.4   算法分析实例

2.4.1   非递归算法分析

1. 仅依赖于问题规模的时间复杂度

有一类简单的问题，其操作具有普遍性，即对所有的数据均等价地进行处理，这类算法的时间复杂度比较容易分析。

例 2.14   交换 i 和 j 的内容。

temp = i;

i = j;

j = temp;

以上 3 条单个语句的频度均为 1，该算法段的执行时间是一个与问题规模 n 无关的常数。算法的时间复杂度为常数阶，记作 $T(n) = O(1)$。

如果算法的执行时间不是随着问题规模 n 的增加而增长，即使算法中有上千条语句，其执行时间也不过是一个较大的常数。此类算法的时间复杂度是 $O(1)$。

例 2.15　循环次数直接依赖规模 n。

```
x=0;y=0;
for(k=1;k<=n;k=k+1)
x=x+1;
for(i=1;i<=n;i=i+1)
for(j=1;j<=n;j=j+1)
y=y+1;
```

以上算法段中频度最大的语句是"$y = y + 1$;"，其频度 $f(n) = n^2$，所以，该段算法的时间复杂度为 $T(n) = O(n^2)$。

当有若干个循环语句时，算法的时间复杂度是由嵌套层数最多的循环语句中最内层语句的频度 $f(n)$ 决定的。

例 2.16　循环次数间接依赖规模 n。

```
x=1;
for(i=1;i<=n;i=i+1)
for(j=1;j<=i;j;j+1)
for(k=1;k<=j;k=k+1)
x=x+1;
```

上述算法段中频度最大的语句是最内层的循环体"$x = x + 1$"，可以从内向外逐层计算语句"$x = x + 1$"的执行次数：

$$\sum_{i=1}^{n}\sum_{j=1}^{i}\sum_{k=1}^{j}1 = \sum_{i=1}^{n}\sum_{j=1}^{i}j = \sum_{i=1}^{n}i(i+1)/2$$
$$= [n(n+1)(2n+1)/6 + n(n+1)/2]/2$$

则该算法段的时间复杂度为 $T(n) = O(n^3/6) = O(n^3)$。

例 2.17　循环次数不是规模的多项式形式。

$i = 1$;

while($i <= n$)

$i = i * 2$;

设以上循环的次数为 k，则 $2k = n$，所以循环的次数为 $\log_2 n$。算法的时间复杂度为 $O(\log_2 n)$。

2. 与输入实例的初始状态有关

大部分算法的时间复杂度不仅仅依赖于问题的规模，还与输入实例的初始状态有关。换言之，算法中对要处理的数据是不等价的，不同的数据会进行不同的处理。这类算法的时间复杂度的分析就比较复杂,一般将最好情况、最坏情况和平均情况分别进行讨论。

例 2.18　　在一组数据中查找给定值 k 的算法如下(数据存储在数组 $a[0\cdots n-1]$ 中)。

(1)i = n－1。

(2)while(i ＞= 0 and a[i] ＜＞ k)。

(3)i = i－1。

(4)return i。

此算法中把循环语句(2)中的比较操作"a[i] ＜＞ k"作为讨论算法复杂度的主要操作。这是因为,虽然算法是针对一般数组,但实际的查找操作一定是针对结构体数组进行的,这时比较操作远比"i = i－1"操作复杂。

此算法的频度不仅与问题规模 n 有关,还与输入实例中 A 的各元素取值及 k 的取值有关。

① 若 A 中没有与 k 相等的元素,则语句(2)的频度 $f(n)=n$,这是最坏情况。

② 若 A 的最后一个元素等于 k,则语句(2)的频度 $f(n)$ 是常数 1,这是最好情况。在求成功查找的平均情况时,一般地假设查找每个元素的概率 P 是相同的,则算法的平均复杂度为:

$$\sum_{i=n-1}^{0} P_i(n-i) = \frac{1}{n}(1+2+3+\cdots+n) = \frac{n+1}{2} = O(n)$$

若对于查找每个元素的概率 P 不相同时,其算法复杂度一般只能做近似分析。

2.4.2　递归算法分析

1.进一步认识递归

(1) 执行过程

在程序设计语言的学习中已经了解了递归算法的执行过程,为了更好地学习递归算法,应结合数据结构,深入地了解递归算法的执行过程，以便对其进行分析。

为此通过一个简单的例子来说明。

例 2.19　求 $n!$。

这是一个简单的"累乘"问题，用递归算法也能解决它，由中学知识可知：

$$n! = n \times (n-1)! \quad n > 1$$
$$0! = 1, 1! = 1 \qquad n = 0, 1$$

因此，递归算法如下：

```
fact(int n)
{
    if(n = 0 or n = 1)
    return(1);
    else
    return(n * fact(n − 1));
}
```

递归算法在运行中不断调用自身，以参数的不同，把每次调用看成是在调用不同的算法模块。

以 $n = 3$ 为例，看一下以上算法是怎样执行的?运行过程如下：

$$\text{fact}(3)\text{——}\text{fact}(2)\text{——}\text{fact}(1)\text{——}\text{fact}(2)\text{——}\text{fact}(3)$$

$$\underrightarrow{\text{递　　归}} \qquad\qquad \underrightarrow{\text{回　溯}}$$

递归调用是一个降低规模的过程，当规模降为 1，即递归到 fact(1) 时，满足停止条件停止递归，开始回溯(返回调用算法)并计算，从 fact(1) = 1 返回到 fact(2)；计算 2 * fact(1) = 2 返回到 fact(3)；计算 3 * fact(2) = 6，结束递归。和一般算法调用一样，算法的起始模块通常也是终止模块。

通过参数值将"同一个模块"的"不同次运行"进行区别后，递归函数的执行过程还是很好理解的，读者要学会这种办法帮助自己理解抽象的递归算法。

（2）递归调用的几种形式

以上例题是最简单的递归调用形式，一般递归调用有以下几种形式（其中 a_1、a_2、b_1、b_2、k_1、k_2 为常数）：

直接简单递归调用 $f(n)$ $\{\cdots a_1 * f(n-k_1)/b_1 \cdots\}$

直接复杂递归调用 $f(n)$ $\{\cdots a_1 * f((n-k_1)/b_1);$
$$a_2 * f((n-k_2)/b_2) \cdots\}$$

间接递归调用 $f(n)$ $\{\cdots a_1 * g(n-k_1)/b_1 \cdots\}$
$$g(n) \quad \{\cdots a_1 * f(n-k_2)/b_2 \cdots\}$$

（3）实现机理简介

在讲解运行过程时，为了好理解把不同次递归调用看作调用不同的模块，但事实上，每次递归调用的确是同一个算法模块。学过计算机原理或操作系统的读者明白，每一次递归调用，都用一个特殊的数据结构"栈"记录当前算法的执行状态，特别地设置地址栈，用来记录当前算法的执行位置，以备回溯时正常返回。递归模块中的形式参数和局部变量虽然是定义为简单变量，每次递归调用得到的值都是不同的，它们也是由"栈"来存储的。

2.递归算法效率分析方法

递归算法的分析方法比较多，这里只介绍比较好理解且常用方法 —— 迭代法。

迭代法的基本步骤是先将递归算法简化为对应的递归方程，然后通过反复迭代，将递归方程的右端变换成一个级数，最后求级数的和，再估计和的渐近阶；或者，不求级数的和而直接估计级数的渐近阶，从而达到对递归方程解的渐近阶的估计。

递归方程具体就是利用递归算法中的递归关系写出递归方程，迭代地展开的右端，使之成为一个非递归的和式，然后通过对和式的估计来达到对方程左端即方程的解的估计。

以求 $n!$ 为例，算法的递归方程为：
$$T(n) = T(n-1) + O(1)$$

其中,$O(1)$ 为一次乘法操作,迭代求解过程如下:

$$
\begin{aligned}
T(n) &= T(n-2)+O(1)+O(1) \\
&= T(n-3)+O(1)+0(1)+O(1) \\
&\vdots \\
&= O(1)+\cdots+O(1)+O(1)+O(1) \\
&= n \times O(1) \\
&= O(n)
\end{aligned}
$$

这是一个简单的例子,下面看一个较复杂的例子。

抽象地考虑以下递归方程,且假设 $n=2^k$,则迭代求解过程如下:

$$
\begin{aligned}
T(n) &= 2T\left(\frac{n}{2}\right)+2 \\
&= 2\left(2T\left(\frac{n}{2^2}\right)+2\right)+2 \\
&= 4T\left(\frac{n}{2^2}\right)+4+2 \\
&= 4\left(2T\left(\frac{n}{2^3}\right)+2\right)+4+2 \\
&= 2^3 T\left(\frac{n}{2^3}\right)+8+4+2 \\
&\vdots \\
&= 2^{k-1} \cdot T\left(\frac{n}{2^{k-1}}\right)+\sum_{i=1}^{k-1} 2^i \\
&= 2^{k-1}+(2^k-2) \\
&= \frac{3}{2} \cdot 2^k-2 \\
&= \frac{3}{2} \cdot n-2 \\
&= O(n)
\end{aligned}
$$

虽然以上两个例子的时间复杂性都是线性的,但并不等于说所有递归算法的时间复杂性都是线性的。

上面介绍的 2 种递归调用形式,较常用的是第一种形式,第

二种形式也时有出现。下面就第二种递归调用形式,再举一个例子。递归方程为:

$$T(n) = T(n/3) + T(2n/3) + n$$

为了好理解,先画出递归过程相应的递归树,如图 2-2 所示。

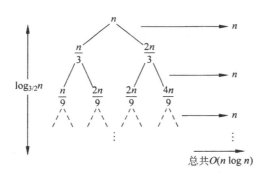

图 2-2　迭代法递归树

累计递归树各层的非递归项的值,每一层的和都等于 n,从根到叶的最长路径是:

$$n \rightarrow \frac{2}{3}n \rightarrow \left(\frac{2}{3}\right)^2 n \rightarrow \cdots \rightarrow 1$$

设最长路径的长度为 k,则应该有

$$\left(\frac{2}{3}\right)^k n = 1$$

得

$$k = \log_{3/2} n$$

于是

$$T(n) \leqslant \sum_{i=0}^{k} n = (k+1)n = n(\log_{3/2} n + 1)$$

即

$$T(n) = O(n \log n)$$

对于第二种递归调用形式,借助于递归树,用迭代法进行算法分析是简单而易行的。

2.4.3 提高算法质量

在设计算法时,要在满足正确性、可靠性、稳健性、可读性等质量因素的前提下,再设法提高算法的效率。

先请大家说明下面一组操作的功能:

a＝a＋b;b＝a－b;a＝a－b。

相信如果不做认真的分析、理解,很难明白,它们的功能与以下一组操作是等价的:

t＝a;a＝b;b＝t。

对于一个不可读的算法,其可靠性、稳健性是难以保证的。下面给出一些关于算法质量方面原则上的建议。

(1)保证正确性、可靠性、稳健性、可读性

① 当心那些在视觉上不易分辨的操作符发生书写错误。把符号"＜＝"与"＜"、"＞＝"与"＞"混淆,很容易发生"多或少循环 1 次"的失误。

② 要注意算法中的表达式,它们有可能在计算时发生上溢或下溢,或作为数组的下标值出现越界的情况 …… 不要留到算法实现时再考虑相关的问题。

③ 为了保证算法实现的正确性,算法中的变量在被引用前,一定要有确切的含义,或者是被赋过值,或者是作为形式参数经模块接口得到传递的信息。

④ 注意算法中循环体或条件体的位置。有的初学者在使用"缩进格式"表示了操作的嵌套关系后,忽略了语句块的符号"{}",这将为算法实现留下隐患。

(2)提高效率

① 在优化算法的效率时,应当先找出限制效率的"瓶颈",不要在无关紧要之处优化。

② 时间效率和空间效率对立时,应做出适当的折中。例如,可以多花费一些内存来提高算法的时间性能。

③ 递归算法结构清晰简洁,它能使一个蕴含递归关系且结

构复杂的算法简洁精练,增加可读性。

④ 可以考虑先选取合适的数据结构,再优化算法。

⑤ 另外,还有一些细节上的问题也想引起大家注意,如乘、除运算的效率比加、减法运算低。例如,$2*y$ 与 $y+y$ 等价,但后一个运算更快;而 $y=a*x*x*x+b*x*x+c*x+q-d$ 要比 $y=((a*x+b)*x+c)*x+d$ 的效率低。又如:在循环体中若频繁使用同一个数组元素 $A[i]$ 时,应该在进行赋值操作 $m=A[i]$,之后对 $A[i]$ 的引用就用 m 代替,这样就避免了系统计算数组元素地址的过程。

有关提高效率的细节这里就不多列举了,根据前期学习的编译原理、计算机原理、操作系统等知识,相信大家就知道应该从哪些方面着手了。有的读者也许对这些细节不以为然,但是在处理数据量较大的问题时,这些细节就不能轻视了。

第3章 贪心算法

贪心算法也许是本书中最直接了当的算法,它的应用非常广泛。贪心算法不是对所有问题都能得到最优解,但对范围相当广泛的许多问题,它能产生整体最优解或是整体最优解的近似解。

3.1 概述

3.1.1 贪心算法的理论

在大部分情况下,一个问题通常包含 n 个输入,然后要求我们得到它的一个子集来满足某些特定的条件。任何一个满足这些条件的子集被称为该问题的一个可行解(feasible solution)。我们需要找出使得某个给定的目标函数(objective function)最大化或者最小化的一个可行解,这样的可行解被称为最优解(optimal solution)。在通常情况下,我们很容易得到一个问题的某个可行解,但是却很难找出它的最优解。

贪心算法就是每次考虑一个输入,针对每个输入,选择当前的最优解,遵照这样的选择方式,按顺序地考虑每一个输入就完成了贪心的算法。对于每次考虑的输入,如果它和之前的最优解不能构成该问题的一个可行解,则不把这个输入加入到当前的部分解集合中,否则就将其加入。这个选择的过程本身基于一定的优化标准,例如目标函数就是其中一个标准。实际上,各种各样的优化标准都可以用于同一个问题中,不过通过其中的很多标准,最终都只会得到近似最优的解。

因此,贪心算法是一种稳扎稳打的算法。它从问题的某一阶段开始便一直使用贪心策略来选择当前的最优方法,向既定的目标前进,直至算法中的某一步不能再继续时,即可终止算法。贪心算法可以理解为以逐步的局部最优,达到最终的全局最优。

从算法的思想中,很容易得出以下结论。

① 在贪心算法的每个阶段,一旦面临决策选择时,贪心算法都选择对于当前来说是最优的决策,至于对未来是否有不利影响,它不做考虑。

② 每个阶段的决策一经做出,就没有反悔的余地,即该算法不允许回溯。

③ 贪心算法是根据贪心策略来逐步构造问题的解。假若所选的贪心策略不同,得到的贪心算法也就不同,由此得到的贪心解的质量当然也不同。因此,该算法的好坏关键在于是否正确地选择贪心策略。

④ 贪心算法具有高效性和不稳定性。使用贪心算法可以快速地得到一个解。这个解不是最优解的近似解就是最优解。

对于那些并不需要找出最优子集的问题,在贪心算法中,以某种特定的顺序来考量这些输入。每一步选择都是基于一个已有选择的最优标准。

3.1.2　贪心算法的求解过程

使用贪心算法求解问题应该考虑如下几个方面。

① 设立问题的输入集合 A:用以存放问题的可能解。

② 问题的解集合 S:用以存放问题的解。

③ 问题解决函数 solution:用以判断集合 S 中的解是否完整。

④ 贪心选择函数 select:贪心选择函数,用以判断解是否为最优解。

⑤ 问题可行函数 feasible:用以判断解集合 S 是否满足问题要求。

如图 3-1 所示为贪心算法的一般流程。

```
Greedy(A)                    //A是问题的输入集合，即候选集合
{
    S={};                    //初始化解,集合为空集

    while(not solution(S))//集合S没有构成问题的一个解
    {
        x=Select(A);         //在候选集合A中做贪心选择
        if Feasible(S,x)     //判断集合S中加入x是否可行
            S=S+{x};
            A=A-{x};

    }
    return S;

}
```

图 3-1　贪心算法的一般流程

3.2　背包问题

给定一个载重量为 M 的背包,考虑 n 个物品,其中第 i 个物品的重量 ω_i,价值 $p_i(1 \leqslant i \leqslant n)$,要求把物品装满背包,且使背包内的物品价值最大。有两类背包问题(根据物品是否可以分割),如果物品不可以分割,称为 0-1 背包问题;如果物品可以分割,则称为背包问题。

用 x_i 表示物体 i 是否装入背包,当 $x_i = 0$ 时,表示物体 i 没被装入;当 $x_i = 1$ 时,表示物体 i 被装入背包。根据问题要求,可以列出约束方程和目标函数为:

$$\sum_{i=1}^{n} w_i x_i = M \tag{3-1}$$

$$d = \max \sum_{i=1}^{n} p_i x_i \tag{3-2}$$

假设背包的容量是 50,有三个物品,如表 3-1 所示。

表 3-1　背包问题的三个物品

n	1	2	3
重量	10	20	30

续表

n	1	2	3
价值	60	100	120
性价比	6	5	4

有以下三种方法来选取物品。

① 当作 0-1 背包问题，采用动态规划算法，如图 3-2(b) 所示，获得最优值 220。

② 当作 0-1 背包问题，采用贪心算法，按性价比从高到低的顺序选取物品，获得最优值 160，如图 3-2(c) 所示。由于物品不可分割，剩下的空间 20，没有相应的物品可以装入而白白浪费。

③ 当作背包问题，采用贪心算法，按性价比从高到低的顺序选取物品，获得最优值 240，如图 3-2(d) 所示。由于物品可以分割，剩下的空间 20，装入物品 3 的一部分，而获得了更好的性能。

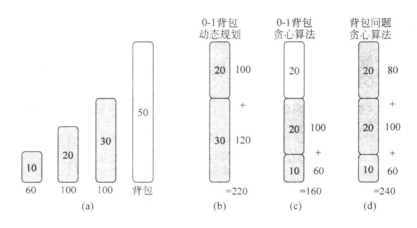

图 3-2　背包问题与 0-1 背包问题的比较

从上面的分析可知，贪心策略对 0-1 背包问题，不能得到最优解。当物品按性价比递减排序后，应用贪心算法可以得到最优解。

3.2.1　贪心算法的 0-1 背包问题

贪心算法的 0-1 背包问题可归结为寻找一个满足约束方程 (3-1)，并使目标函数 (3-2) 达到最大的解向量。为使式 (3-2) 的值增加得最快，一个方法是优先选择 p_i 最大的物体装入背包，这样当最后一个物体装不下时，选择一个适当的 $x_i < 1$ 的装入，但使用这种方法不一定能达到最佳效果，因为所选择的物体的重量很大，使得背包的重量的消耗速度太快，以致后面的能够装入背包的物体迅速减少，从而使得继续装入背包的物体在满足约束方程以后，无法达到目标函数的要求。因此，最好的选择是满足两者的需求，基于上述要求，对物品定义如下的数据结构：

```
struct goodinfo
{
    float p;//物品价值
    float w;//物品重量
    float x;//物品该放的价值重量比
    int flag;//物品编号
}
```

由于每个物品都有价值重量比，价值重量比越大，显然总收益越大，它局部最优满足全局最优，可以用贪心算法解答，方法如下。

① 按照物品的价值重量按大 → 小的顺序排序。

② 将背包的剩余体积和当前价值进行初始化。

③ 对所有物品进行计算。

a. 物品可以完全放入背包，背包内物品总价值加上当前价值，背包内剩余体积减去当前放入背包物品的体积。

b. 物品只可以部分放进，剩余体积与当前物品价值作乘积为物品价值，剩余体积置于 0。

程序代码如图 3-3 所示。

```c
#include<stdio.h>
#include<malloc.h>
//物品信息结构体
struct goodinfo
{
  float p;
  float w;
  float x;
  int flag;
};
//按物品效益,重量比值做升序排列
void Insertionsort(struct goodinfo goods[],int n)
{
  int j,i;
  for(j=2;j<=n;j++)
  {
  goods[0]=goods[j];
    i=j-1;
  while(goods[0].p>goods[i].p)
  {
    goods[i+1]=goods[i];
    i--;
    }
    goods[i+1]=goods[0];
  }
}


void bag(struct goodinfo goods[],float M,int n)
{
  float cu;
  int i,j;
  for(i=1;i<=n;i++)
  goods[i].x=0;
  cu=M;//背包剩余容量
  for(i=1;i<n;i++)
  {
    if(goods[i].w>cu)//当该物品重量大与剩余容量跳出
    break;
    goods[i].x=1;
    cu=cu-goods[i].w;//确定背包新的剩余容量
  }
  if(i<=n)
  goods[i].x=cu/goods[i].w;//该物品所要放的量
//按物品编号做降序排列
  for(j=2;j<=n;j++)
  {
    goods[0]=goods[j];
      i=j-1;
    while(goods[0].flag<goods[i].flag)
    {
      goods[i+1]=goods[i];
      i--;
    }
    goods[i+1]=goods[0];
  }
  printf("最优解为：\n");
  printf("要放的物品为：\n",i);
  printf("\n");
  for(i=1;i<=n;i++)
  {
    if(goods[i].x!=0)
    printf("%3d",i);
  }
}
```

```
void main()
{
  int n,i;
  float M;
  struct goodinfo *goods;// 定义一个指针
  printf("请输入物品的总数量：");
  scanf("%d",&n);
  goods=(struct goodinfo*)malloc(sizeof(struct goodinfo)*(n+1));
  printf("请输入背包的最大容量：");
  scanf("%f",&M);
  for(i=1;i<=n;i++)
  {
    goods[i].flag=i;
    printf("请输入第%d件物品的重量和价值：",i);
    scanf("%f%f",&goods[i].w,&goods[i].p);
    goods[i].p=goods[i].p/goods[i].w;//得出物品的效益,重量比
      printf("\n");
  }
  Insertionsort(goods,n);
  bag(goods,M,n);
}
```

图 3-3 0-1 背包问题程序代码

程序运行结果如图 3-4 所示。

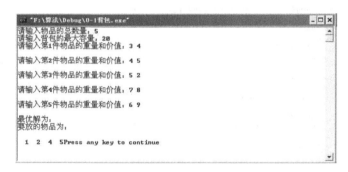

图 3-4 0-1 背包问题程序运行结果

3.2.2 可拆背包问题

已知 n 种物品和一个可容纳 c 重量的背包,物品 i 的重量为 ω_i,产生的效益为 p_i。装包时物品可拆,即可只装每种物品的一部分。显然物品 i 的一部分 x_i 放入背包可产生的效益为 $x_i p_i$,这里 $0 \leqslant x_i \leqslant 1, p_i > 0$。问如何装包,使所得整体效益最大。

（1）算法设计

应用贪心算法求解。每一种物品装包,由 $0 \leqslant x_i \leqslant 1$,可以

整个装入,也可以只装一部分,也可以不装。

要使整体效益即目标函数最大,按单位重量的效益非增次序一件件物品装包,直至某一件物品装不下时,装这种物品的一部分把包装满。

解背包问题贪心算法的时间复杂度为 $O(n)$。

(2) 物品可拆背包问题 C 程序

C 程序设计代码如图 3-5 所示。

```c
//可拆背包问题
#include<stdio.h>
#define N 50
void main()
{
    float p[N],w[N],x[N],c,cw,s,h;
    int i,j,n;

     //输入已知条件
    printf("\n input n:");
    scanf("%d",&n);
    printf("input c:");
    scanf("%f",&c);
    for(i=1;i<=n;i++)
    {

        printf("input w%d:",i);
        scanf("%f",&w[i]);
        printf("input p%d:",i);
        scanf("%f",&p[i]);
    }


    //对n件物品按单位重量的效益从大到小排序
    for(i=1;i<n-1;i++)
    for(j=i+1;j<=n;j++)
      if(p[i]/w[i]<p[j]/w[j])
      {
          h=p[i];
          p[i]=p[j];
          p[j]=h;
          h=w[i];
          w[i]=w[j];
          w[j]=h;
      }
    //cw为背包还可装的重量
    cw=c;
    s=0;
    for(i=1;i<=n;i++)
    {
        if(w[i]>cw)
            break;
        x[i]=1.0;          //若w(i)<=cw, 整体装入
        cw=cw-w[i];
        s=s+p[i];
    }
```

```
//若w(i)>cW, 装入一部分x(i)
x[i]=(float)(cw/w[i]);
    s=s+p[i]*x[i];
    printf("装包: ");      //输出装包结果
    for(i=1;i<=n;i++)
        if(x[i]<1)
            break;
        else
            printf("\n装入重量为%5.1f的物品.",w[i]);
        if(x[i]>0&&x[i]<1)
            printf("\n装入重量为%5.1f的物品百分之%5.1f",w[i],x[i]*100);
        printf("\n所得最大效益为:%7.1f",s);
}
```

图 3-5   可拆背包问题 C 程序代码

程序运行结果如图 3-6 所示。

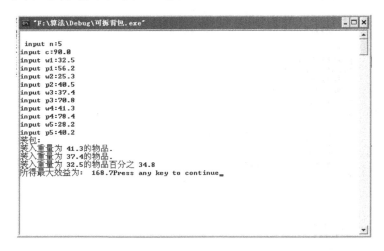

图 3-6   可拆背包程序运行结果

3.3   哈夫曼编码

3.3.1   哈夫曼编码问题

1.编码原理

哈夫曼编码是一种十分有效的编码方法,广泛应用于数据文件压缩领域,其压缩率通常在 20% ~ 90% 之间。哈夫曼编码算法用字符在文件中出现的频率表来建立一个用 0、1 串表示各字符的最优表示方式。

解决远距离通信以及大容量存储问题时,经常涉及字符的编码和信息的压缩问题。一般来说,较短的编码能够提高通信的效率且节省磁盘存储空间。通常的编码方法有固定长度编码和不等长度编码两种。

（1）固定长度编码方法

假设所有字符的编码都等长,则表示 n 个不同的字符需要 $\log n$ 位,ASCII 码就是固定长度的编码。如果每个字符的使用频率相等的话,固定长度编码是空间效率最高的方法。但在信息的实际处理过程中,每个字符的使用频率有着很大的差异,现在的计算机键盘中键的不规则排列,就是源于这种差异。

（2）不等长度编码方法

不等长编码方法是今天广泛使用的文件压缩技术,其思想是:利用字符的使用频率来编码,使得经常使用的字符编码较短,不常使用的字符编码较长。这种方法既能节省磁盘空间,又能提高运算与通信速度。

例如一个文件由 a、B、C、d、e、f 六个字符组成,数量为 1000,六个字符出现的频率见表 3-2 所示。如果采用定长编码的方式进行存储,文件总码长为 300000 位,而按表中变长编码方案,文件的总码长为:

$$(45×1+13×3+12×3+16×3+9×4+5×4)×1000 = 224000$$

比用定长码方案总码长较少约 45％。

表 3-2　定长码与变长码

字　　符	a	B	C	d	e	f
频率（千次）	45	13	12	16	9	5
定长码	000	001	010	011	100	101
变长码	0	101	100	111	1101	1100

但是采用不等长编码方法要注意一个问题:任何一个字符

的编码都不能是其他字符编码的前缀。对每一个字符规定一个 0、1 串作为其代码，并要求任一字符的代码都不是其他字符代码的前缀，这种编码称为前缀码，否则译码时就会产生二义性。可以用二叉树作为前缀编码的数据结构。在表示前缀码的二叉树中，树叶代表给定的字符，并将每个字符的前缀码看成从树根到代表该字符的树叶的一条道路。代码中每一位的 0 或 1 分别作为指示某节点到左子或右子的"路标"。

2. 贪心策略

假设有一编码字符集 C，C 中任意一字符 c 的频率为 $f(c)$，且 x 和 y 字符在 C 中具有最小的出现频率，则存在 C 的最优前缀码使 x 和 y 具有相同码长且仅最后一位编码不同。

假设二叉树 T 为 C 的任意一个最优前缀码，设 b 和 c 是二叉树 T 的最深叶子且为兄弟。可假设 $f(b) \leqslant f(c)$，$f(x) \leqslant f(y)$。由于 x 和 y 是 C 中具有最小频率的两个字符，故 $f(x) \leqslant f(b)$，$f(y) \leqslant f(c)$。

首先在树 T 中交换叶子 b 和 x 的位置得到树 T'，然后在树 T' 中再交换叶子 c 和 y 的位置得到树 T''，如图 3-7 所示。

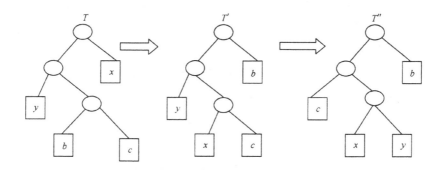

图 3-7　编码树 T 的变换

由此可知，树 T 和 T' 表示的前缀码的平均码长之差为：

$$B(T) - B(T') = \sum_{c \in C} f(c) \mathrm{d}T(c) - \sum_{c \in C} f(c) \mathrm{d}T'(c)$$
$$= f(x)\mathrm{d}T(x) + f(b)\mathrm{d}T(b) - f(x)\mathrm{d}T'(x)$$
$$- f(b)\mathrm{d}T'(b)$$
$$= f(x)\mathrm{d}T(x) + f(b)\mathrm{d}T(b) - f(x)\mathrm{d}T(b)$$
$$- f(b)\mathrm{d}T(x)$$
$$= \left[f(b) - f(x) \right]\left[\mathrm{d}T(b) - \mathrm{d}T(x) \right] \geqslant 0$$

最后一个不等式是因为 $f(b) - f(x)$ 和 $\mathrm{d}T(b) - \mathrm{d}T(x)$ 均为非负。

类似地,可以证明在 T' 中交换 y 与 c 的位置也不增加平均码长,即 $B(T') - B(T'')$ 也是非负的。由此可知,$B(T'') \leqslant B(T') \leqslant B(T)$。另外,由于 T 所表示的前缀码是最优的,故 $B(T) \leqslant B(T'')$。因此,$B(T) = B(T'')$,即 T'' 表示的前缀码也是最优前缀码,且 x 和 y 具有最长的码长,同时仅最后一位编码不同。

3. 算法的设计

哈夫曼算法求解步骤如下。

① 确定合适的数据结构。由于哈夫曼树中没有度为 1 的节点,则一棵有 n 个叶子节点的哈夫曼树共有 $2n-1$ 个节点。构成哈夫曼树后,为求编码需从叶子节点出发走一条从叶子到根的路径;而译码则需从根出发走一条从根到叶子的路径。对每个节点而言,既需要知道双亲的信息,又需要知道孩子节点的信息,因此数据结构的选择要考虑这方面的情况。

② 初始化。构造 n 棵节点为 n 个字符的单节点树集合 $F = \{T_1, T_2, \cdots, T_n\}$,每棵树中只有一个带权的根节点,权值为该字符的使用频率。

③ 如果 F 中只剩下一棵树,则哈夫曼树构造成功,转 ⑥;否则,从集合 F 中取出双亲为 0 且权值最小的两棵树 T_i 和 T_j,将它们合并成一棵新树 Z_k,新树以 T_i 为左儿子,T_j 为右儿子(反

之也可以)。新树 Z_k 的根节点的权值为 T_i 和 T_j 的权值之和。

④ 从集合 F 中删去 T_i 和 T_j,加入 Z_k。

⑤ 重复 ③ 和 ④。

⑥ 从叶子节点到根节点逆向求出每个字符的哈夫曼编码(约定左分支表示字符"0",右分支表示字符"1")。则从根节点到叶子节点路径上的分支字符组成的字符串即为叶子字符的哈夫曼编码,算法结束。

4.哈夫曼算法的构造实例

已知某系统在通信联络中只可能出现八种字符,分别为 a, b,c,d,e,f,g,h,其使用频率分别为 $0.05,0.29,0.07,0.08$, $0.14,0.23,0.03,0.11$,试设计哈夫曼编码。

设权 $\omega = (5,29,7,8,14,23,3,11)$,$n = 8$,按哈夫曼算法的设计步骤构造一棵哈夫曼编码树,具体过程如下。

① 构造 8 棵节点为八种字符的单节点树,每棵树中只有一个带权的根节点,权值为该字符的使用频率,如图 3-8 所示。

图 3-8 8 棵单节点树的集合

② 从树的集合中取出两棵双亲为 0 且权值最小的树,并将它们作为左、右子树合并成一棵新树,在树的集合中删去所选的两棵树,并将新树加入集合。

即从 8 棵树的集合中选出权值为 5 和 3 的两棵树,合并成根节点权值为 8 的新树,如图 3-9 所示,同时更新树的集合。此时,树的集合中共有 7 棵树,其根节点的权值分别为:8,29,7,8,14,23,11。

③ 在 7 棵树的集合中选取根节点权值为 7 和 8 的两棵树,合并成根节点权值为 15 的新树,如图 3-10 所示,更新树的集合。此时,树的集合中共有 6 棵树,其根节点的权值为:8,29,15,14,23,11。

图 3-9　构造的一棵根节点
权值为 8 的新树

图 3-10　根节点权值为
15 的新树

④ 从 6 棵树的集合中选取根节点权值为 8 和 11 的两棵树，合并成根节点权值为 19 的新树，如图 3-11 所示，更新树的集合。此时，树的集合中共有 5 棵树，其根节点的权值为：19,29,15,14,23。

⑤ 从 5 棵树的集合中选取根节点权值为 15 和 14 的两棵树，合并成根节点权值为 29 的新树，如图 3-12 所示，更新树的集合。此时，树的集合中共有 4 棵树，其根节点的权值为：19,29,29,23。

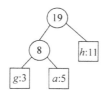

图 3-11　根节点权值为 19 的新树

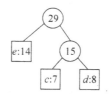

图 3-12　根节点权值为 29 的新树

⑥ 从 4 棵树的集合中选取根节点权值为 19 和 23 的两棵树，合并成根节点权值为 42 的新树，如图 3-13 所示，并更新树的集合。此时，树的集合中共有 3 棵树，其根节点的权值为：42,29,29。

⑦ 从 3 棵树的集合中选取根节点权值为 29 的两棵树，合并成根节点权值为 58 的新树，如图 3-14 所示，并更新树的集合。此时，树的集合中共有 2 棵树，根节点的权值为：42,58。

⑧ 将树的集合中的 2 棵树合并成根节点权值为 100 的一棵树，即为哈夫曼树，如图 3-15 所示。

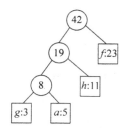

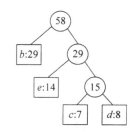

图 3-13　根节点权值为 42 的新树　　　图 3-14　根节点权值为 58 的新树

⑨ 哈夫曼编码树的构造。依据约定：左分支表示字符"0"，右分支表示字符"1"，获得的哈夫曼编码树如图 3-16 所示。

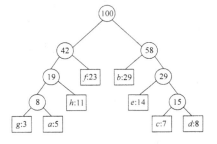

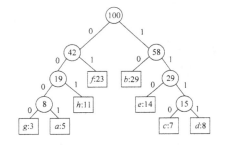

图 3-15　哈夫曼树　　　　　　　图 3-16　哈夫曼编码树

由于从根节点到叶子节点路径上的分支字符组成的字符串即为叶子字符的哈夫曼编码，所以各个字符的哈夫曼编码分别为 $g:0000;a:0001;h:001;f:01;b:10;e:110;c:1110;d:1111$。

3.3.2　哈夫曼编码

哈夫曼编码的 C 程序设计代码如图 3-17 所示。

```
//哈夫曼编码(算法)
    #include<stdio.h>
    #include<stdlib.h>
    #include<string.h>
    typedef char *HuffmanCode;  //动态分配数组，存储哈夫曼编码
    typedef struct
    {
        unsigned int weight;  //用来存放各个节点的权值
        unsigned int parent,LChild,RChild;//指向双亲、孩子节点的指针
    }HTNode,*HuffmanTree;  //动态分配数组，存储哈夫曼树
```

```
//选择两个parent为0，且weight最小的结点s1和s2
void Select(HuffmanTree *ht,int n,int*s1,int*s2)
{
    int i,min;
    for(i=1;i<=n;i++)
    {
        if((*ht)[i].parent==0)
        {
            min=i;
            break;
        }
    }
    for(i=1;i<=n;i++)
    {
        if((*ht)[i].parent==0)
        {
            if((*ht)[i].weight<(*ht)[min].weight)
                min=i;
        }
    }
    *s1=min;
    for(i=1;i<=n;i++)
    {
        if((*ht)[i].parent==0&&i!=(*s1))
        {
            min=i;
            break;
        }
    }
    for(i=1;i<=n;i++)
    {
        if((*ht)[i].parent==0&&i!=(*s1))
        {
            if((*ht)[i].weight<(*ht)[min].weight)
                min=i;
        }
    }
    *s2=min;
}
```

```
//构造哈夫曼树ht。w存放已知的n个权值
void CrtHuffmanTree(HuffmanTree *ht,int*w,int n)
{
    int m,i,s1,s2;
    m=2*n-1;
    *ht=(HuffmanTree)malloc((m+1)*sizeof(HTNode));
    for(i=1;i<=n;i++)        //1--n号存放叶子节点，初始化
    {
        (*ht)[i].weight=w[i];
        (*ht)[i].LChild=0;
        (*ht)[i].parent=0;
        (*ht)[i].RChild=0;
    }

    //非叶子节点初始化
    for(i=n+1;i<=m;i++)
    {
        (*ht)[i].weight=0;
        (*ht)[i].LChild=0;
        (*ht)[i].parent=0;
        (*ht)[i].RChild=0;
    }
    printf("\nHuffmanTree:\n");

    //创建非叶子节点，建哈夫曼树
    for(i=n+1;i<=m;i++)
    //在(*hi)[1]-(*ht)[i-1]的范围内选择两个parent为0，
    //且weight最小的节点，其序号分别赋值给s1，s2
    {
        Select(ht,i-1,&s1,&s2);
        (*ht)[s1].parent=i;
        (*ht)[s2].parent=i;
        (*ht)[i].LChild=s1;
        (*ht)[i].RChild=s2;
        (*ht)[i].weight=(*ht)[s1].weight+(*ht)[s2].weight;
        printf("%d(%d,%d)\n",(*ht)[i].weight,(*ht)[s1].weight,(*ht)[s2].weight);
    }
    printf("\n");
}//哈夫曼树建立完毕
```

```
                        //从叶子节点到根，逆向求每个叶子节点对应的哈夫曼编码
void CrtHuffmanCode(HuffmanTree*ht,HuffmanCode*hc,int n)
{  char*cd;
   int i,st,p;
   unsigned int c;
   hc=(HuffmanCode *)malloc((n+1)*sizeof(char*)); //分配n个编码的头指针
   cd=(char*)malloc(n*sizeof(char));       //分配求当前编码的工作空间
   cd[n-1]='\0';                 //从右向左逐位存放编码，首先存放编码结束符
   for(i=1;i<=n;i++)              //求n个叶子节点对应的哈夫曼编码
      {
         st=n-1;                 //初始化编码起始指针
         for(c=i,p=(*ht)[i].parent;p!=0;c=p,p=(*ht)[p].parent)  //从叶子到根节点求编码
         if((*ht)[p].LChild==c)
            cd[--st]='0';        //左分支标0
         else cd[--st]='1';      //右分支标1
         hc[i]=(char*)malloc((n-st)*sizeof(char));  //为第i个编码分配空间
         strcpy(hc[i],&cd[st]);
      }
   free(cd);
   for(i=1;i<=n;i++)
      printf("HuffmanCode of%3d is %s\n",(*ht)[i].weight,hc[i]);
      printf("\n");
}


void main()
{
   HuffmanTree HT;
   HuffmanCode HC;
   int *w,i,n,wei;

   printf("n=");
   scanf("%d",&n);
   w=(int*)malloc((n+1)*sizeof(int));
   printf("请分别输入%d个节点的权值：\n",n);
   for(i=1;i<=n;i++)
      {
         printf("%d: ",i);
         scanf("%d",&wei);
         w[i]=wei;
      }
   CrtHuffmanTree(&HT,w,n);
   CrtHuffmanCode(&HT,&HC,n);
}
```

图 3-17　哈夫曼编码程序代码设计

程序运行结果如图 3-18 所示。

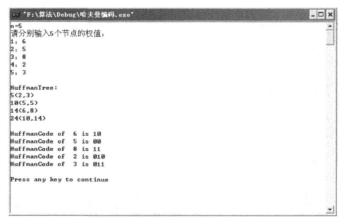

图 3-18　哈夫曼编码程序运行结果

3.4　最小生成树

假设 $G = G(V, E, W)$ 为一个赋权图，W 为权函数，如果 $T*$ 是 G 的一棵生成树，且对 G 任何一棵生成树 T 都有 $W(T*) \leqslant W(T)$，则 $T*$ 称为 G 的最小支撑树或最小生成树（minimum spanning tree，MST），简称最小树。

一个连通图的最小生成树不唯一，但总权数一定相同。

求出最小生成树一般不用穷举法。因为 30 个顶点的完全图就有 3028 棵生成树，3028 有 42 位，即使应用最现代的计算机，在我们有生之年也是无法穷举的，故穷举法是无效算法，是坏算法。

根据生成树的定义可知：如果 G 没有圈，则 G 本身已是树。如果 G 中有圈，则去掉该圈的任意一条边，保持图的连通性，直到没有圈为止。因为图是有限的，一直进行下去，总能得到生成树。

据此得到了图 G 生成树的一个简单算法，就是在图中破掉所有的圈，剩下不含圈的连通图就是一棵生成树，该算法有一个形象的名称叫作破圈法。破圈法得到的生成树和过程有关，一般可以得到不同的生成树。

生成树的另一算法 —— 避圈法。

在图中，任取一条边 e_1，找一条不与 e_1 构成圈的边 e_2，然后再找一条不与 $\{e_1, e_2\}$ 构成圈的边 e_3，一直继续下去，直到过程不能继续，得到的图就是一棵生成树，该方法形象的称为避圈法。

普利姆（Prim）算法和克鲁斯卡尔（Kruskal）算法分别是构造最小生成树常用的破圈和避圈算法。

3.4.1 Kruskal 算法

1. 基本思想

克鲁斯卡尔(Kruskal)推广了生成树的避圈法,给出了一个最小生成树的算法。

基本思想:每次将一条权最小的弧加入子图 T 中,并保证不形成圈。

① 选择权最小的边 e_1。

② 若已选定边 $e_1,e_2,\cdots,e_k$,则从剩余的边中选取边 e_{k+1},使得 $G\{e_1,e_2,\cdots,e_k,e_{k+1}\}$ 为无圈图,且 e_{k+1} 的权尽可能的小。

③ 当 ② 不能进行时,得到的就是最小生成树。

用 Kruskal 算法构造无向图 3-19 的最小生成树的过程如图 3-20 所示。

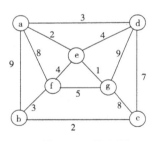

图 3-19　无向图

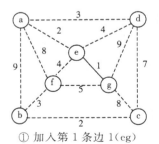

① 加入第 1 条边 1(eg)

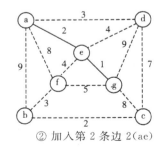

② 加入第 2 条边 2(ae)

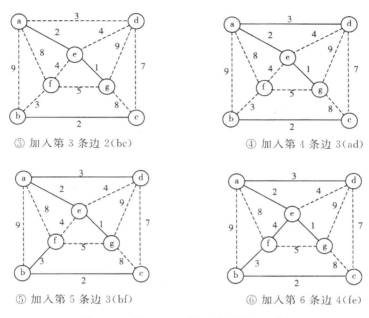

③ 加入第 3 条边 2（bc）　　④ 加入第 4 条边 3（ad）

⑤ 加入第 5 条边 3（bf）　　⑥ 加入第 6 条边 4（fe）

图 3-20　用 Kruskal 算法生成最小生成树

2. 算法实现

该算法的程序代码如图 3-21 所示。

```
#include<stdio.h>
#include<stdlib.h>
typedef struct
{
    int x,y;
    int w;
}edger;
 edger  edge[900];
 int father[900],dian,bian,cost;
 void sort()
 {
   int i,j,k;
   for(i=bian;i>1;i--)
   for(j=0;j<i;j++)
   if(edge[j+1].w<edge[j].w)
   {
       k=edge[j].x;
       edge[j].x=edge[j+1].x;
       edge[j+1].x=k;

       k=edge[j].y;
       edge[j].y=edge[j+1].y;
       edge[j+1].y=k;

       k=edge[j].w;
       edge[j].w=edge[j+1].w;
       edge[j+1].w=k;
   }
 }
```

//将各个边的权值进行冒泡排序，从而方便进行后面的贪心策略

```
int findfather(int k)
{
    while(k!=father[k])
      k=father[k];
    return k;
}
void setfather(int i)
{
    int r,l;
    l=findfather(edge[i].x);
    r=findfather(edge[i].y);
    if(r<l)
      father[l]=r;
    else
      father[r]=l;
}


void main()
{
    int i,k;
    printf("请输入边数和点数：");
    scanf("%d%d",&dian,&bian);
    for(k=1;k<=dian;k++)
      father[k]=k;//初始化祖宗，各自的祖宗最开始都是自己，也就是说自己是一个集合*
    printf("请输入起点和终点以及权值：");
    for(k=1;k<=bian;k++)
      scanf("%d%d%d",&edge[k].x,&edge[k].y,&edge[k].w);
    //对边的数据结构进行扫描，这包括边的首末两点以及这条边的权值。
    sort();
    //排序，贪心策略的前提*
    cost=edge[1].w;
    setfather(1);

    //贪心策略的初始进行，首先采纳最小的那么一棵"树叶"从而而变成了树的"根"，
    //后面的再依次贪心加入*
    for(i=2;i<=bian;i++)
      if(findfather(edge[i].x)!=findfather(edge[i].y))
      {
          cost=cost+edge[i].w;
          setfather(i);
      }
    //则每采取贪心策略赚取一片树叶，那么这条边与之相关联的两点的祖宗
    //就要重新设置一下，setfather，那么到最后一共有n-1条边*
    printf("最小代价：%d\n",cost);
}
```

图 3-21　Kruskal 算法的程序代码

程序运行结果如图 3-22 所示。

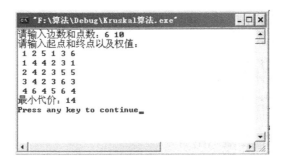

图 3-22　Kruskal 算法程序运行结果

3.4.2 Prim 算法

1. 基本思想

设具有 n 个顶点的无向网络 $G = G(V, E)$，$T = (U, TE)$ 为 G 的一棵最小生成树，U 是 T 的顶点集合，TE 是 T 的边集合。Prim 算法的基本思想是：从图中顶点集合 V 中任取一个顶点（例如顶点 a）加入到集合 U 中，这时 $U = \{a\}$，$TE = $ NULL，然后在所有一个顶点在集合 U 中，另一个顶点在集合 $V - U$ 中的边中，选取权值最小的边 (u, v) $(u \in U, v \in V - U)$，将该边加入到 TE 中，并将顶点 v 加入到集合 U 中，重复上述操作直到 $U = V$ 为止。这时 TE 中有 $n - 1$ 条边，$T = (U, TE)$ 就是 G 的一棵最小生成树，若选不到权值最小的边，$U \neq V$，表示无向网络不连通，不能求一棵最小生成树。采用 Prim 算法构造无向图 3-19 的最小生成树过程如图 3-23 所示。

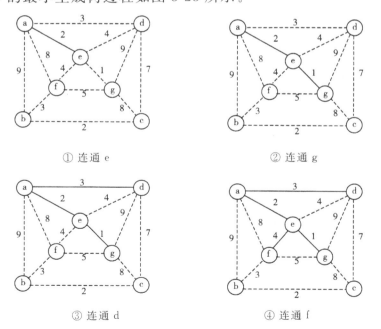

① 连通 e 　　　　　② 连通 g

③ 连通 d 　　　　　④ 连通 f

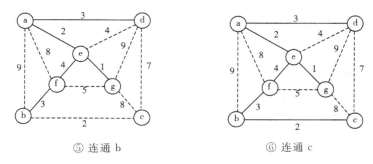

⑤ 连通 b   ⑥ 连通 c

图 3-23   Prim 算法生成最小生成树

例 3.1   用 Kruskal 算法求图 3-24(a) 的最小生成树。

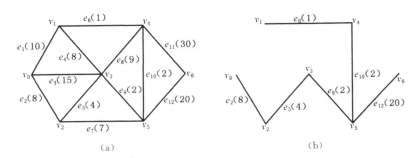

(a)   (b)

图 3-24   例 3.1

解:按照 e_6,e_{10},e_9,e_5,e_2,e_{12} 顺序取边,得到最小生成树,权为 $1+2+2+4+8+20=37$,如图 3-24(b) 所示。

2.算法实现

算法程序代码如图 3-25 所示。

```c
#include<stdio.h>
#define infinity ~(~0<<31)
#define  max 100
 struct scs
 {
     int v;
     int shortest;
};
 void prim(int dir[][max],int N,struct scs G[])
 {
     int i,j,k;
     int min;
```

```
    for(i=1;i<N;i++)
    {
        min=infinity;
        for(j=1;j<N;j++)
            if(G[j].shortest<min&&G[j].shortest>0)
            {
                min=G[j].shortest;
                k=j;
            }
            printf("%d--%d\n",G[k].v,k);
            G[k].shortest=0;
            for(j=1;j<N;j++)
            if(dir[k][j]<G[j].shortest)
            {
                G[j].shortest=dir[k][j];
                G[j].v=k;
            }
    }
}


void main()
{
    int dir[max][max];
    struct scs G[max];
    int i,j;
    int N=6;
    for(i=0;i<N;i++)
        for(j=0;j<N;j++)
            dir[i][j]=infinity;
    dir[0][1]=6;
    dir[0][2]=1;
    dir[0][3]=5;
    dir[1][2]=5;
    dir[1][4]=3;
    dir[2][3]=5;
    dir[2][4]=6;
    dir[2][5]=4;
    dir[3][5]=2;
    dir[4][5]=6;
    for(i=0;i<N;i++)
        for(j=0;j<N;j++)
            dir[j][i]=dir[i][j];
    for(i=0;i<N;i++)
        for(j=0;j<N;j++)
        {
            if(dir[i][j]==infinity)
            printf("     #");
            else
                printf("%6d",dir[i][j]);
            if(j==N-1)
                printf("\n");
        }
```

```
printf("**********************************\n");
G[0].shortest=0;
G[0].v=0;
for(i=1;i<N;i++)
{
    G[i].shortest=dir[0][i];
    G[i].v=0;
}
for(i=1;i<N;i++)
    printf("%6d",G[i].v);
    printf("\n");
    for(i=1;i<N;i++)
    {
        if(G[i].shortest==infinity)
            printf("     #");
        else
            printf("%6d",G[i].shortest);
    }

    printf("\n**********************************\n");
    prim(dir,N,G);
}
```

图 3-25 Prim 算法的程序代码

程序运行结果如图 3-26 所示。

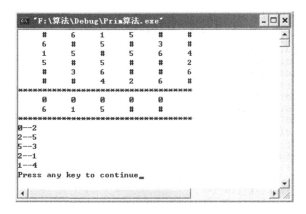

图 3-26 Prim 算法运行结果示意图

3.5 单源最短路径

寻求有向网络中自某一指定点到另一指定点间的最短路径

是组合最优化问题中重要的基本课题。大量组合优化问题可以化为求最短路径,或者用最短有向路的算法作为其子程序。

3.5.1　问题的提出

典型的最短路问题就是在连接不同城市的道路网中确定连接两个指定城市之间的最短路径。例如从甲地(s)到乙地(t)的公路网纵横交错,如图 3-27 所示。一名货车司机奉命在最短的时间内将一车货物从甲地运往乙地,因有多种行车路线,这名司机应怎样选择线路。假设货车的运行速度是恒定的,则这一问题相当于需要找到一条从甲地到乙地的最短路径。

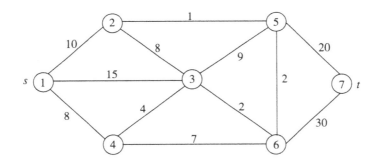

图 3-27　公路网

又如有向图 3-28 中,求出从顶点 t 出发,到达其余各顶点的最短路径。

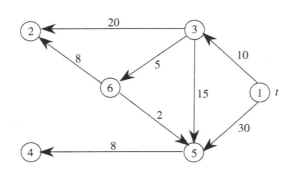

图 3-28　有向图

这类问题都可以归结为单源最短路径问题（shortest path problem，SSP）。实际上就是在赋权图中寻找给定点对 u_0、v_0 之间的权最小的路。这里考虑非负权，并给出算法解决最短路问题。为了方便，称路的权 w 为路的长度，u、v 之间最小权的路的权称为 u、v 之间的距离，用 $d(u,v)$ 表示。考虑图 G 是简单图，边的权是正数，这个限制不是一个严格的限制，当边的权为零时，可以认为该边的两端点重合；当边 $uv \notin E$ 时，记 $w(uv) = \infty$。

按路径长度的不同定义可将单源最短路径问题分为两大类：普通路径长度和一般路径长度。后者是指路径权被定义为其上边权的其他函数。如路径的权为其包含的所有边权之积，边权的最大值或其他更复杂的函数。分类如图 3-29 所示。

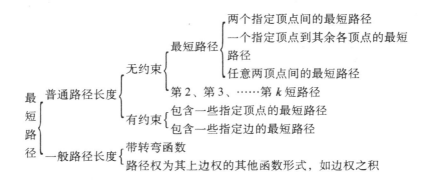

图 3-29　单源最短路径问题的分类

解决该问题的常用算法有 Dijkstra 算法和 Floyd 算法。

3.5.2　单源最短路径问题的算法

1. Dijkstra 算法

Dijkstra 算法是由著名的计算机学家 E. W. Dijkstra 于 1959 年提出的，主要是为解决最短路的问题。该算法不仅能找到指定点对 u_0、v_0 之间的最短路，而且能求出 u_0 到所有其他点之间的最短路。

设 $S \subset V, u_0 \in S, \overline{S} = V \backslash S$，若 $P = u_0 \cdots \overline{u}\,\overline{v}$ 是 u_0 到 S 的最短路，则 $\overline{u} \in S, \overline{v} \in \overline{S}$，且 P 上从 u_0 到 $\overline{u}$ 的一段路径也是从 u_0 到 $\overline{u}$ 的最短路径。于是：

$$d(u_0, \overline{v}) = d(u_0, \overline{u}) + w(\overline{u}\,\overline{v})$$

从 u_0 到 S 的距离为：

$$d(u_0, \overline{S}) = \min_{\substack{u \in S \\ v \in \overline{S}}} \{d(u_0, \overline{u}) + w(\overline{u}\,\overline{v})\}$$

这个公式是 Dijkstra 算法的基础，从 $S_0 = \{u_0\}$ 开始，寻找 V 的一系列递增子集 $S_1, S_2, \cdots, S_{n-1}$，在第 i 阶段结束时，获得从 u_0 到 S_i 中所有点的最短路。

首先确定离 u_0 最近的点，则：

$$d(u_0, \overline{S_0}) = \min_{\substack{u \in S_0 \\ v \in \overline{S_0}}} \{d(u_0, u) + w(uv)\} = \min_{v \in S_0} \{w(u_0 v)\}$$

设 $d(u_0, u_1) = d(u_0, \overline{S_0})$，令 $S_1 = d(u_0, u_1)$，$P_1 = u_0 u_1$，这是 u_0 到 u_1 的最短路。一般地，假设 $S_k = \{u_0, u_1, \cdots, u_k\}$，相应的 $P_1, P_2, \cdots, P_k$ 已经确定，下面确定 $u_{k+1} \in \overline{S_k}$ 满足 $d(u_0, u_{k+1}) = d(u_0, \overline{S_k})$。

不妨设 $d(u_0, u_{k+1}) = d(u_0, u_j) + w(u_j u_{k+1})(j \leqslant k)$，则 $P_j \bigcup u_j u_{k+1}$ 为 u_0 到 u_{k+1} 的最短路。

将上述分析的思想进行简化，即可得到 Dijkstra 算法。为了避免重复计算，每一步计算的信息都代到下一步。算法过程中每个点 v 带有一个标号 $l(v)$，它是 $d(u_0, v)$ 的一个上界。初始步中 $l(u_0) = 0$，而所有其他点获得标号 ∞（也可以用足够大的数代替 ∞）。在算法进行的过程中，标号不断更新，在第 i 步结束时，有，

$$\begin{cases} l(u) = d(u_0, u), u \in S_i \\ l(v) = \min_{u \in S_{i-1}} \{d(u_0, u) + w(uv)\}, v \in \overline{S_i} \end{cases}$$

Dijkstra 算法的基本步骤为：

① $l(u_0) = 0$，对 $v \neq u_0, l(v) = \infty, S_0 = \{u_0\}, i = 0$。

② 对每个 $v \in \overline{S_i}, l(v) = \min\{l(v), l(u_i) + w(u_i v)\}$，计算 $\min\limits_{u \in \overline{S_i}}\{l(v)\}$，设 $l(u_{i+1}) = \min\limits_{u \in \overline{S_i}}\{l(v)\}$，则 $S_{i+1} = S_i \bigcup \{u_{i+1}\}$。

③ 若 $i = n-1$，停止。否则，若 $i < n-1$，用 $i+1$ 代替 i，转向第 ② 步。

如图 3-30 所示的图中给出了 u_0 到所有点的最短路，且从 u_0 到该点的距离标在顶点处。

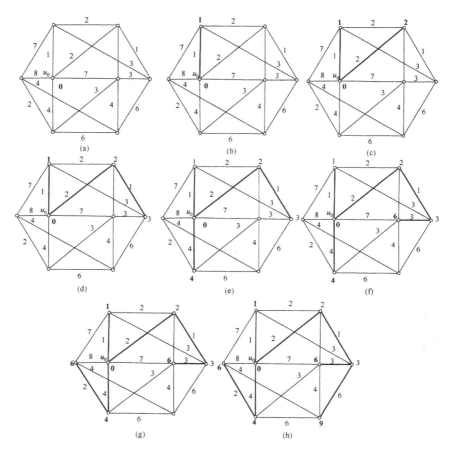

图 3-30　Dijkstra 算法构造 u_0 到所有点的最短路

例 3.2　求图 3-31 中 v_0 到 v_6 的最短路。

解：

① 令 $l(v_0) = 0$，对 $v \neq v_0$，令 $l(v_i) = \infty, i = 1, 2, \cdots, 6$，

$S_0 = \{v_0\}$，如图 3-32 所示。

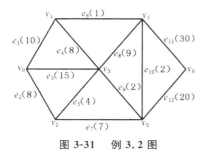

图 3-31　例 3.2 图

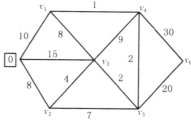

图 3-32　步骤 ①

② 对 $v_i \in \overline{S_0}$，计算 $l(v_i) = c(v_0, v_i)$，$i = 1, 2, 3, 4, 5, 6$，得到 $l(v_1) = 10, l(v_2) = 8, l(v_3) = 15$，其他 $l(v_i) = \infty$。所以，$l(v_2) = \min_i \{ l(v_i) \mid i = 1, 2, \cdots, 6 \} = 8$，$S_1 = \{v_0, v_2\}$，如图 3-33 所示。

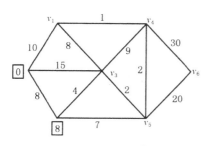

图 3-33　步骤 ②

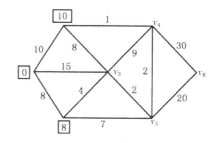

图 3-34　步骤 ③

③ 对 $v_i \in \overline{S_1}$，计算 $l(v_i) = \min_i \{ l(v_i), \min_{u \in S_{i-1}} \{ l(u) + c(u, v_i) \} \}$，$i = 1, 3, 4, 5, 6$，得到 $l(v_1) = 10, l(v_3) = 12, l(v_5) = 15$，其他 $l(v_i) = \infty$。所以，$l(v_1) = \min_i \{ l(v_i) \} = 10$，$S_2 = \{v_0, v_1, v_2\}$，如图 3-34 所示。

④ 对 $v_i \in \overline{S_2}$，计算 $l(v_i) = \min_i \{ l(v_i), \min_{u \in S_2} \{ l(u) + c(u, v_i) \} \}$，$i = 3, 4, 5, 6$，得到 $l(v_3) = 12, l(v_4) = 11, l(v_5) = 15$，其他 $l(v_i) = \infty$。所以，$l(v_4) = \min_i \{ l(v_i) \} = 11$，$S_3 = \{v_0, v_1, v_2, v_4\}$，如图 3-35 所示。

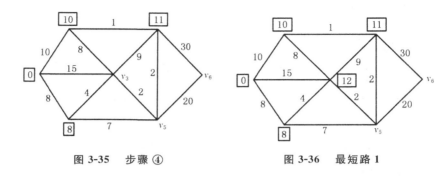

图 3-35 步骤 ④   图 3-36 最短路 1

同理,可得 v_0 到其他顶点的最短距离的图形见图 3-36～图 3-38(分别为最短路 1、最短路 2、最短路 3)。

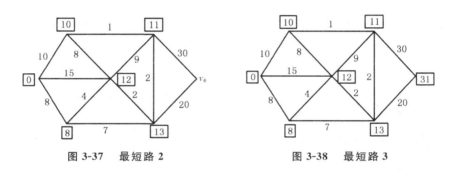

图 3-37 最短路 2   图 3-38 最短路 3

2. Floyd 算法

Floyd 算法是求任意两顶点间最短距离的算法。

设 $A = (a_{ij})_{n \times n}$ 为赋权图 $G = (V, E, F)$ 的权矩阵,当 $v_i v_j \in E$ 时,$a_{ij} = F(v_i v_j)$,否则取 $a_{ij} = 0$,$a_{ij} = +\infty (i \neq j)$,$d_{ij}$ 表示从 v_i 到 v_j 点的距离,r_{ij} 表示从 v_i 到 v_j 点的最短路中一个点的编号。Floyd 算法的基本步骤为:

① 赋初值。对所有 i, j,$d_{ij} = a_{ij}$,$r_{ij} = j$,$k = 1$。转向 ②。

② 更新 d_{ij},r_{ij},对所有 i, j,若 $d_{ik} + d_{kj} < d_{ij}$,则令 $d_{ij} = d_{ik} + d_{kj}$,$r_{ij} = k$,转向 ③。

③ 终止判断。若 $d_{ii} < 0$,则存在一条含有顶点 v_i 的负回路,终止;或者 $k = n$ 终止;否则令 $k = k + 1$,转向 ②。

其中最短路线可由 r_{ij} 得到。

该算法的适用条件和范围:① 任意两点间的最短路径;② 可以适用于有负权的情况。

3.5.3　可化为单源最短路径问题的多阶段决策问题

问题的提出:

企业在使用设备的过程中,会造成设备的磨损。那么是继续使用这台设备,并对其进行维修(维修需要支付一定的费用)还是直接添置新的设备(添置设备也需要支付一定的费用)呢?对企业领导而言,就需要进行确定。现要制定一个五年之内的设备更新计划,使得五年内总的支付费用最少。

已知该种设备在每年年初的价格见表 3-3。

表 3-3　设备价格表

第一年	第二年	第三年	第四年	第五年
11	11	12	12	13

使用不同时间设备所需维修费见表 3-4。

表 3-4　设备的维修费

使用年限	$0 \sim 1$	$1 \sim 2$	$2 \sim 3$	$3 \sim 4$	$4 \sim 5$
维修费	5	6	8	11	18

模型建立:

(1)模型一:构造加权有向图 $G_1(V,E)$(见图 3-39)

① 顶点集 $V=\{X_{ib},i=1,2,3,4,5\} \bigcup \{X_{ir}^{(k)},i=2,3,4,5,6;k=1,2,\cdots,i-1\}$,每个顶点代表年初的一种决策,其中顶点 X_{ib} 代表第 i 年初购置新设备的决策,顶点 $X_{ir}^{(k)}$ 代表第 i 年初修理旧设备的决策。

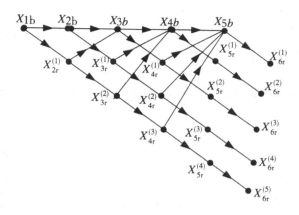

图 3-39　构造加权有向图 $G_1(V,E)$

② 弧集 $E = \{(X_{ib}, x_{i+1,b}), (X_{ir}^{(k)}, B_{i+1,b}), i = 1, 2, 3, 4; k = 1, 2, \cdots, i-1\} \bigcup \{(X_{ir}^{(k)}, X_{i+1,r}^{(k+1)}), i = 1, 2, 3, 4, 5; k = 1, 2, \cdots, i-1\}$。

若第 i 年初作了决策 X_i 后，第 $i+1$ 年初可以作决策 X_{i+1}，则顶点 X_i 与 X_{i+1} 之间有弧 (X_i, X_{i+1})，其权 $W(X_i, X_{i+1})$ 代表第 i 年初到第 $i+1$ 年初之间的费用。例如，弧 $(X_{3b}, X_{4r}^{(1)})$ 代表第 3 年初买新设备，第四年初决定用第三年买的用过一年的旧设备，其权则为第三年初的购置费与三、四年间的维修费之和，为 $12 + 5 = 17$。

③ 问题转化为顶点 X_{1b} 到 $X_{6r}^{(k)}$ 的最短路问题。五年的最优购置费为：

$$\lim_{k=1,2,3,4,5} \{d(X_{1b}, X_{6r}^{(k)})\}$$

其中 $d(X_{1b}, X_{6r}^{(k)})$ 为顶点 X_{1b} 到 $X_{6r}^{(k)}$ 的最短路的权，求得最短路的权为 53，而两条最短路分别为：

$$X_{1b} \rightarrow X_{2r}^{(1)} \rightarrow X_{3r}^{(2)} \rightarrow X_{4b} \rightarrow X_{5r}^{(1)} \rightarrow X_{6r}^{(2)}$$
$$X_{1b} \rightarrow X_{2r}^{(1)} \rightarrow X_{3b} \rightarrow X_{4r}^{(1)} \rightarrow X_{5r}^{(2)} \rightarrow X_{6r}^{(3)}$$

因此，计划为第一、三年初购置新设备，或第一、四年初购置新设备，五年费用均最省，为 53。

（2）模型二:构造加权有向图 $G_2(V,E)$（见图 3-40）

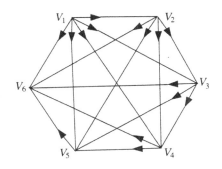

图 3-40 加权有向图 $G_2(V,E)$

① 顶点集 $V=\{V_1,V_2,V_3,V_4,V_5,V_6\}$，$V_i$ 表示第 i 年初购置新设备的决策，V_6 表示第五年底。

② 弧集 $E=\{(V_i,V_j),i=1,2,3,4,5;i<j\leqslant 6\}$，弧 (V_i,V_j) 表示第 i 年初购进一台设备一直使用到第 j 年初的决策，其权 $W(V_i,V_j)$ 表示这一决策在第 i 年初到第 j 年初的总费用，如 $W(V_1,V_4)=11+5+6+8=30$。

③ 问题转化为求 V_1 到 V_6 的最短路问题，求得两条最短路为 $V_1\rightarrow V_4\rightarrow V_6$，$V_1\rightarrow V_3\rightarrow V_6$，权为 53，与图 $G_1(V,E)$ 的解相同。

第4章　分治策略

分治法就是把一个复杂的问题分成两个或更多的相同或相似的子问题，再把子问题分成更小的子问题 …… 直到最后子问题可以简单地直接求解。

4.1　概述

在用分治法设计算法时，最好使子问题的规模大致相同。图4-1 所示是分治法的典型情况。

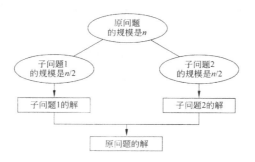

图 4-1　分治法的典型情况

例如，对于给定的整数 a 和非负整数 n，采用分治法计算 a^n 的基本思想是：如果 $n=1$，可以简单地返回 a 的值；如果 $n>1$，可以把该问题分解为两个子问题，计算 $\lfloor n/2 \rfloor$ 个 a 的乘积和后 $\lceil n/2 \rceil$ 个 a 的乘积，再把这两个乘积相乘得到原问题的解。所以，应用分治技术得到如下计算方法：

$$a^n = \begin{cases} a & n=1 \\ a^{\lfloor n/2 \rfloor} \times a^{\lceil n/2 \rceil} & n>1 \end{cases}$$

图 4-2 给出了 $a=2$ 和 $n=4$ 的求解过程，当 $n=1$ 时的子

问题求解只是简单地返回 a 的值,而每一次的合并操作只是做一次乘法。

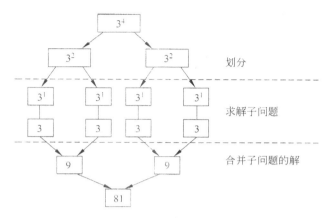

图 4-2　分治法计算 a^n 的求解过程

例 4.1　现在袋子中有 16 个硬币,我们知道其中的一个可能是假的。另外你知道假的硬币比真的硬币轻。你的任务是确定袋子中是否有一枚假的硬币。为了完成这个任务,你可以使用一台仪器来比较两组硬币的重量,并且告诉你哪组硬币轻一些或者两组一样重。

下面对硬币 1 和硬币 2 进行比较。做出如下假设。

① 硬币 1 比硬币 2 轻,那么硬币 1 是假的,此时任务完成。

② 硬币 2 比硬币 1 轻,那么硬币 2 是假的。

③ 两个的重量一样,那么比较硬币 3 和硬币 4。同样,如果其中一个硬币轻一些,就检测出一枚假硬币。如果没有,就比较硬币 5 和硬币 6。一直这么做,可以最多通过八次比较就确定袋子中是否包括假硬币。

接下来我们将采用分治策略。

① 我们将原始问题分成两个或者更小的实例。让我们将 16 个硬币的问题分成两个 8 个硬币的问题,我们的分法是随机选择 8 个硬币作为第一个实例(称为 A),然后剩下的 8 个硬币就是第二个实例(称为 B)。

② 将需要确定 A 或 B 中是否有假硬币。我们比较硬币集合

A 和 B 的重量。如果它们的重量不同，那么一定存在假硬币，并且在那个较轻的集合中。

③ 获得第二步的结论，并用它来回答原始 16 个硬币的问题。

现在我们假设还需要确定哪个是假硬币。我们定义"小"实例是包括 2 个或者 3 个硬币的情况。注意，如果只有一个硬币，那我们无法判断它是不是假的。所有其他的实例都是大的。对于小实例，可以通过比较 1 枚硬币与其他的 1 枚或 2 枚硬币，也就是最多 2 次比较就可以判断哪个是假硬币。

16 个硬币的实例是大实例。所以它被分为了两个 8 个硬币的实例。比较这两个实例的重量，我们可以判断是否存在假硬币。如果不存在，算法终止。如果存在，继续那个存在假硬币的实例。假设 B 是较轻的那个集合。它再进一步被分为两个 4 个硬币的集合，称它们为 B_1 和 B_2。比较这两个集合，其中的一个集合一定更轻一些。如果 B_1 更轻，假硬币就在 B_1 中，然后 B_1 就被分为两个 2 个硬币的集合，称它们为 B_{1a} 和 B_{2a}。比较这两个集合，我们继续处理那个更轻的集合。因为较轻的集合只有 2 枚硬币，它是一个小实例。比较这个集合里的两枚硬币的重量，可以确定哪个更轻，更轻的就是假硬币。

控制抽象（control abstraction）是指一个过程，其控制流清晰。DAndC 是一个函数，其初始调用是 DAndC(P)，其中 P 是待解决的问题。

```
TYPe DAndC(P)
{
    if  Small(P)  return  S(P);
    else
    {
        将 P 划分为更小的实例 P_1, P_2, ..., P_k, k ≥ 1;
        在每个子问题上执行 DandC;
        return  Combine(DAndC(P_1), DAndC(P_2),
```

DAndC(P_k)）；

　　｝

｝

　　Small(P) 的作用是？

　　其为一个布尔函数，它的作用在于判断输入是否足够小，如果足够小此时可直接解问题，调用函数 S。否则，问题 P 就被分成子问题。这些子问题 $P_1, P_2, \cdots, P_k$ 由递归调用 DAndC 来解。将 k 个子问题的解合并成 P 的解是通过函数 Combine 来完成的。如果 P 的大小是 n，k 个子问题的大小分别是 $n_1, n_2, \cdots, n_k$，那么计算 DAndC 的时间可以用如下的递归等式来表示：

$$T(n) = \begin{cases} g(n) & n \text{ 较小} \\ T(n_1) + T(n_2) + \cdots + T(n_k) + f(n) & \text{否则} \end{cases}$$

其中 $T(n)$ 是对任意大小是 n 的输入 DAndC 的运行时间，$g(n)$ 是直接计算输入所花的时间。函数 $f(n)$ 是分割 P 以及合并子问题的解所花的时间。对于基于分治策略将原问题分成同类型的子问题的算法，很自然地首先用递归来描述算法。

　　很多分治算法的复杂度是如下形式的：

$$T(n) = \begin{cases} T(1) & n = 1 \\ aT(n/b) + f(n) & n > 1 \end{cases} \tag{4-1}$$

其中 a 和 b 是已知常数。假设 $T(1)$ 已知并且 n 是 b 的幂（即 $n = b^k$）。

　　例 4.2　考虑当 $a = 2$ 并且 $b = 2$。令 $T(1) = 2$ 并且 $f(n) = n$。有

$$\begin{aligned} T(n) &= 2T(n/2) + n \\ &= 2[2T(n/4) + n/2] + n \\ &= 4T(n/4) + 2n \\ &= 4[2R(n/8) + n/4] + 2n \\ &= 8T(n/8) + 3n \\ &\quad\vdots \end{aligned}$$

一般地，我们可以看到对于任意

$$\log_2 n \geqslant i \geqslant 1$$

$$T(n) = 2^i T(n/2^i) + in$$

特别地，

$$T(n) = 2^{\log_2 n} T(n/2^{\log_2 n}) + n\log_2 n$$

当 $i = \log_2 n$ 时。因此

$$T(n) = nT(1) + n\log_2 n = n\log_2 n + 2n$$

从递归式(4-1)使用替换法，可以得到

$$T(n) = n^{\log_b^a} \big[T(1) + u(n) \big]$$

其中

$$u(n) = \sum_{j=1}^{k} h(b^j)$$

并且

$$h(n) = f(n)/n^{\log_b^a}$$

表 4-1 列出了在不同的 $h(n)$ 值下 $u(n)$ 的渐进值。这个表可以帮助我们在分析分治算法时直接得到非常多的递归式 $T(n)$ 的渐进值。

表 4-1　对于不同的 $h(n)$ 值 $u(n)$ 的渐进值

$h(n)$	$u(n)$
$O(n^r), r < 0$	$O(1)$
$\Theta((\log n)^i), i \geqslant 0$	$\Theta((\log n)^{i+1}/(i+1))$
$\Omega(n^r), r > 0$	$\Theta(h(n))$

例 4.3　输出如图 4-3(a) 所示 $N \times N (1 \leqslant N \leqslant 10)$ 的数字旋转方阵。

(a) 6×6的旋转方阵

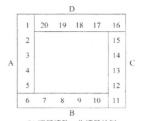

(b) 逐层填数，先填最外层

图 4-3　数字旋转方阵示例

算法:设递归函数 Full 实现填数过程,算法用伪代码描述如下。

算法 4.1:数字旋转方阵 Full

输入:当前层左上角要填的数字 number,左上角的坐标 begin,方阵的阶数 size

输出:数字旋转方阵

① 如果 size 等于 0,则算法结束。

② 如果 size 等于 1,则 data[begin][begin] = number,算法结束。

③ 初始化行、列下标 i = begin,j = begin。

④ 重复下述操作 size－1 次,填写区域 A。

a. data[i][j] = number;number＋＋。

b. 行下标 i＋＋;列下标不变。

⑤ 重复下述操作 size－1 次,填写区域 B。

a. data[i][j] = number;number＋＋。

b. 行下标不变;列下标 j＋＋。

⑥ 重复下述操作 size－1 次,填写区域 C。

a. data[i][j] = number;number＋＋。

b. 行下标 i－－;列下标不变。

⑦ 重复下述操作 size－1 次,填写区域 D。

a. data[i][j] = number;number＋＋。

b. 行下标不变,列下标 j－－。

⑧ 调用函数 Full 在 size－2 阶方阵中左上角 begin＋1 处从数字 number 开始填数。

算法实现:由于递归函数 Full 在调用过程中需要对同一个数组 data[N][N] 填数,为避免传递参数,将数组 data[N][N] 设为全局变量,算法用 C＋＋语言描述如下。

```
void Full(int number,int begin,int size)
{                                        //从number开始填写size阶方阵, 左上角的下标为(begin, begin)
    int i,j,k;
    if(size==0)                          //递归的边界条件, 如果size等于0, 则无须填写
    return;
    if(size==1)                          //递归的边界条件, 如果size等于1
    {
      data[begin][begin]=number;         //则只须填写number
      return;
    }
    i=begin;j=begin;                     //初始化左上角下标
    for(k=0;k<size-1;k++)                //填写区域A, 共填写size-1个数
    {
      data[i][j]=number;                 //在当前位置填写number
      number++;i++;                      //行下标加1
    }
    for(k=0;k<size-1;k++)                //填写区域B, 共填写size-1个数
    {
      data[i][j]=number;                 //在当前位置填写number
      number++;i++;                      //列下标加1
    }
    for(k=0;k<size-1;k++)                //填写区域c, 共填写size-1个数
    {
      data[i][j]=number;                 //在当前位置填写number
      number++;i--;                      //行下标减1
    }

    for(k=0;k<size-1;k++)                //填写区域D, 共填写size-1个数
    {
      data[i][j]=number;                 //在当前位置填写number
      number++;j--;                      //列下标减1
    }
    Full(number,begin+1,size-2);         //递归求解, 左上角下标为begin+1
1;k++)                                   //填写区域D, 共填写size-1个数
}
```

4.2 二分搜索

已知一个有序排列的元素表现要求判定某给定元素是否在该表中出现。操作过程如图 4-4 所示。

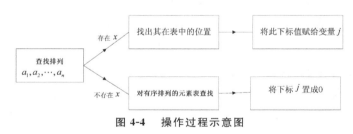

图 4-4 操作过程示意图

该检索问题可以使用分治法来求解。设该问题用 $I = (n, a_1, a_2, \cdots, a_n, x)$ 来表示,可以将它分解成一些子问题。一种可能的做法是,选取一个下标 k,由此得到三个子问题。

①$I_1 = (k-1, a_1, a_2, \cdots, a_{k-1}, x)$。

②$I_2 = (1, a_k, x)$。

③$I_3 = (n - k, a_{k+1}, \cdots, a_n, x)$。

对于 I_2，通过比较 x 和 a_k 容易得到解决。如果 $x = a_k$，则 $j = k$ 且不需再对 I_1 和 I_3 求解；否则，$j = 0$，并需要在 I_1 或 I_3 中继续求解此问题。此时，若 $x < a_k$，则只有 I_1 可能有解，在 I_3 中一定无解（$j = 0$）；若 $x > a_k$，则只有 I_3 可能有解，在 I_1 中一定无解（$j = 0$）；在与 a_k 进行比较后，待求解的问题（如果有的话）可以再一次使用分治方法来求解。如果对所求解的问题（或子问题）所选的下标 k 都是其问题空间的中间元素的下标（例如，对于问题 I，取 $k = \lfloor (n + 1/2) \rfloor$），则所产生的算法就是通常所说的二分检索。

下面介绍二分检索算法设计与分析。

```
void bin_search(elemType a[],int n,elemType x,int &j)
{ int bsearch(int a[],int n,int x)
{
                              //给定一个按非递减排列的元素数组a(1：n)，n>1，判断x是否出现
  int low,high,mid;
  low=0;high=n-1;
  while(low<=high)
  {
    mid=(low+high)/2;        //mid取不大于(low+high)÷2的整数
    if(x<a[mid])
        high=mid-1;
    else
      if(x==a[mid])
        return mid;
      else
        low=mid+1;
  }
  return 0;
}                            //bin_search
```

二分查找的优点缺点分别为：

（1）优点

二分查找的优点是效率高。

（2）缺点

① 排序耗费大量的时间。

② 在顺序结构里插入和删除都必须移动大量的节点。

通过上述分析，我们可知二分查找特别适用于那种一经建立就很少改动而又经常需要查找的线性表。

程序代码：

```
#include<stdio.h>
int bsearch(int a[],int n,int x)
{
                              //给定一个按非递减排列的元素数组a(1：n)，n>1，判断x是否出现
  int low,high,mid;
  low=0；high=n-1;
  while(low<=high)
  {
```

```
    mid=(low+high)/2;              //mid取不大于(low+high)−2的整数
    if(x<a[mid])
       high=mid-1;
    else
      if(x==a[mid])
         return mid;
      else
         low=mid+1;
  }
  return 0;
}//bin_search
void main()
{
    int a[10]={2,4,6,7,12,24,35,46,78,120},x,p=0;
    printf("请输入查询的值：\n");
    scanf("%d", &x);
    p=bsearch(a, 10, x);
    printf("查询的位置为：\n",p+1);
}
```

二分搜索算法的思想易于理解，但是要写一个正确的二分搜索算法也不是一件简单的事。Knuth 在他的著作"The Art of Computer Programming：Sorting and Searching"中提到，第一个二分搜索算法早在 1946 年就出现了，但是第一个完全正确的二分搜索算法却直到 1962 年才出现。

算法 4.2

```
//数组a[]中有n个元素，已经按升序排序，待查找的元素x
template<class Type>
int BinarySearch(Type a[],const Type&x,int n)
{
  int left=0;                      //左边界
  int right=n-1;                   //右边界
  while(left<=right)
  {
    int middle=(left+right)/2;     //中点
    if(x==a[middle])return middle; //找到x，返回数组中的位置
    if(x>a[middle])left=middle+1;
    else right=middle-1;
  }
  return -1;                       //未找至x
}
```

每执行一次算法的 while 循环，待搜索数组的大小减小一半。在最坏情况下，while 循环被执行了 $O(\log n)$ 次。循环体内运算需要 $O(1)$ 时间，因此整个算法在最坏情况下的计算时间复杂性为 $O(\log n)$。

例如，在有序表$\{7,14,17,21,27,31,38,42,46,53,75\}$中查找值为 21 时，初始状态如图 4-5 所示。此时 $n = 11, right = n - 1 = 10$。

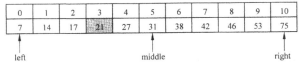

图 4-5　二分查找算法的初始状态

第一次查找时,middle $= 5$,$a[5] = 31 \neq x$,而且 $a[5] > x$。显然,待查找的 x 在数组的左半部分。此时,改变区间的右边界 $right = middle - 1 = 5 - 1 = 4$,然后在 $a[0:4]$ 中查找即可。

4.3 合并排序

合并排序[①]算法可递归地描述如下。

```
public static void mergeSort(Comparable a[],int left,int right)
{
    if(left<right)
    {                                 //至少有2个元素
        int i=(left+right)/2;         //取中点
        mergeSort(a,left,i);
        mergeSort(a,i+1,right);
        merge(a,b,left,i,right);      //合并到数组b
        copy(a,b,left,right);         //复制回数组a
    }
}
```

其中,算法 merge 合并 2 个排好序的数组段到新的数组 b 中,然后由算法 copy 将合并后的数组段再复制回数组 a 中。算法 merge 和 copy 显然可在 $O(n)$ 时间内完成,因此合并排序算法对 n 个元素进行排序,在最坏情况下所需的计算时间 $T(n)$ 满足:

$$T(n) = \begin{cases} O(1) & n \leqslant 1 \\ 2T(n/2) + O(n) & n > 1 \end{cases}$$

解此递归方程可知 $T(n) = O(n\log n)$。由于排序问题的计算时间下界为 $\Omega(n\log n)$,故合并排序算法是渐近最优算法。

算法 MergeSort 的递归过程只是将待排序集合一分为二,直至待排序集合只剩下 1 个元素为止。然后不断合并 2 个排好序的数组段。

消去递归后的合并排序算法可描述如下。

---

①　合并排序算法是用分治策略实现对 n 个元素进行排序的算法。其基本思想是:将待排序元素分成大小大致相同的 2 个子集合,分别对 2 个子集合进行排序,最终将排好序的子集合合并成为所要求的排好序的集合。

```
public static void mergeSort(Comparable[] a)
{
  Comparable[]b=new Comparable[a.length];
  int s=1;
  while(s<a.length)
  {
    mergePass(a,b,s);        //合并到数组b
    s+=s;
    mergePass(b,a,s);        //合并到数组a
    s+=s;
  }
}
```

其中,算法 MergePass 用于合并排好序的相邻数组段。具体的合并算法由 merge 来实现。

```
public static void mergePass(Comparable[]x, Comparable[]y, int s)
{ int i=0;                                    //合并大小为s的相邻子数组
  while(i<=x.1ength-2*s)
  {                                           //合并大小为s的相邻2段子数组
    merge(x,y,i,i+s-1,i+2*s-1);
    i=i+2*s;
  }
                                              //剩下的元素个数少于2s
  if(i+s<x.1ength)
      merge(x,y,i,i+s-1,x.length-1);
  else
                                              //复制到y
      for(int j=i;j<x.1ength;j++)
        y[j]=x[j];
}
public static void merge(Comparable[]c,Comparable[]d,int 1,int m,int r)
{                                             //合并c[1：m]和c[m+1：r]到d[1：r]
  int j=i,
      j=m+1,
      k=1;
  while((i<=m)&&(j<=r))
    if(c[i].compareTo(c[j])<=0)
        d[k++]=c[i++];
      else d[k++]=c[j++];
  if(i>m)
    for(int q=j;q<=r;q++)
        d[k++]=c[q];
  else
    for(int q=i;q<=m;q++)
        d[k++]=c[q];
}
```

自然合并排序是上述合并排序算法 MergeSort 的变形。在上述合并排序算法中,第一步合并相邻长度为 1 的子数组段,这是因为长度为 1 的子数组段是已排好序的。事实上,对于初始给定的数组,通常存在多个长度大于 1 的已自然排好序的子数组段。

例 4.4   我们来考虑 10 个元素 $a[1:10] = (310, 285, 179, 652, 351, 423, 861, 254, 450, 520)$。函数 MergeSort 先将 a[] 分成了两个大小为 5 的子数组(a[1:5] 和 a[6:10])。a[1:5] 中的元素

又被分成了两个数组 a[1:3] 和 a[4:5]。接着 a[1:3] 中的元素被分成两个数组 a[1:2] 和 a[3:3]。a[1:2] 中的两个元素最后被分成大小为 1 的两个数组,然后开始合并。注意,目前为止还没有移动任何元素。子数组是由递归机制来维持的。数组的划分表示如下:

(310 | 285 | 179 | 652,351 | 423,861,254,450,520)

其中竖杠表示数组的边界。a[1] 和 a[2] 中的元素合并为:

(285,310 | 179 | 652,351 | 423,861,254,450,520)

然后 a[3] 与 a[1:2] 合并生成:

(179,285,310 | 652,351 | 423,861,254,450,520)

下面,元素 a[1:3] 和 a[4:5] 合并:

(179,285,310 | 351,652 | 423,861,254,450,520)

接着是 a[1:3] 与 a[4:5] 合并,得到:

(179,285,310,351,652 | 423,861,254,450,520)

此时算法已经逃回到刚刚调用 MergeSort 的时候,准备处理第二个递归调用。重复执行递归调用得到下面子数组:

(179,285,310,351,652 | 423 | 861 | 254 | 450,520)

元素 a[6] 和元素 a[7] 合并。然后 a[8] 与 a[6:7] 合并得到:

(179,285,310,351,652 | 254,423,861 | 450,520)

下面 a[9] 和 a[10] 合并,接着是 a[6:8] 与 a[9:10] 合并:

(179,285,310,351,652 | 254,423,450,520,861)

最终的合并得到下面的排序结果:

(179,254,285,310,351,423,450,520,652,861)

图 4-6 给出了 MergeSort 在处理 10 个元素时的整个递归调用序列的树形表示。每个节点上的一对值是参数 low 和 high。注意划分是如何持续进行直到最后每个集合都只包含一个元素。图 4-7 是 MergeSort 对过程 Merge 递归调用的树形表示。例如,包含 1、2 和 3 的节点表示合并 a[1:2] 与 a[3]。

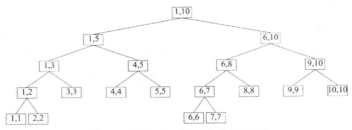

图 4-6　MergeSort（1,10）的调用树

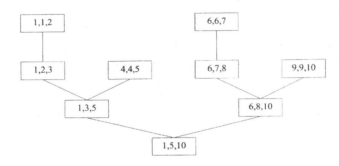

图 4-7　Merge 的调用树

如果合并所花的时间与 n 成正比,那么合并排序的计算时间可用如下的递归关系来表示:

$$T(n) = \begin{cases} a & n = 1, a \text{ 是常数} \\ 2T(n/2) + cn & n > 1, c \text{ 是常数} \end{cases}$$

当 n 是 2 的幂, $n = 2^k$,可以用下面连续的替换来解这个递归式:

$$T(n) = 2(T(n/4) + cn/2) + cn$$
$$= 4T(n/4) + 2cn$$
$$= 4(2T(n/8) + cn/4) + 2cn$$
$$\vdots$$
$$= 2^k T(1) + kcn$$
$$= an + cn\log n$$

容易看出,当 $2^k < n \leqslant 2^{k+1}$,有 $T(n) \leqslant T(2^{k+1})$。因此:

$$T(n) = O(n\log n)$$

尽管程序 4.4 很好地反映了合并排序的分治本质,它有些效率不高的地方可以进一步改进。

例 4.5 为了更好地理解改进后的合并排序，我们来看它是如何对 8 个元素的序列$(50,10,25,30,15,70,35,55)$排序的。我们假设少于 16 个元素的排序并不使用 InsertionSort。表 4-2 给出在每次 MergeSort1 调用结束后链接数组是如何变化的。每一行中 p 的值指向 Merge1 结束时生成的链接表。右边是这些表对应的有序元素的子集。例如，在最后一行里 $p=2$，这样它开始的链接表是 2、5、3、4、7、1、8 和 6；表示 $a[2] <= a[5] <= a[3] <= a[4] <= a[7] <= a[1] <= a[8] <= a[6]$。

表 4-2 链接数组变化的示例

在 $a[1:8] = (50,10,25,30,15,70,35,55)$ 上使用 MergeSort1

	(0)	(1)	(2)	(3)	(4)	(5)	(6)	(7)	(8)	
a:		50	10	25	30	15	70	35	55	
link:	0	0	0	0	0	0	0	0	0	
qrp										
122	2	0	1	0	0	0	0	0	0	(10,50)
343	3	0	1	4	0	0	0	0	0	(10,50),(25,30)
232	2	0	3	4	1	0	0	0	0	(10,25,30,50)
565	5	0	3	4	1	6	0	0	0	(10,25,30,50),(15,70)
787	7	0	3	4	1	6	0	8	0	(10,25,30,50),(15,70),(35,55)
575	5	0	3	4	1	7	0	8	6	(10,25,30,50),(15,35,55,70)
252	2	8	5	4	7	3	0	1	6	(10,15,25,30,35,50,55,70)

4.4　快速排序

排序就是将一组数据按指定顺序排列成一个有序序列,是数据处理中一种重要的运算。

排序的方法非常多,寻求时间复杂度较低的排序算法是设计时追求的目标。

4.4.1　排序概述

排序分为升序排序与降序排序。通常把待排序的 n 个数据存放在一个数组中,排序后的 n 个数据仍存放在这 n 个数组元素中。

最简单的排序是把存放在数组中的 n 个数据逐个比较,必要时进行数据交换。

当 $i=1$ 时, $r[1]$ 分别与其余 $n-1$ 个数据 $r[j](j=2,3,\cdots,n)$ 比较,若 $r[i]>r[j]$,借助变量 t 实施交换,确保 $r[1]$ 最小。

然后, $i=2$ 时, $r[2]$ 分别与其余 $n-2$ 个数据 $r[j](j=3,4,\cdots,n)$ 比较,若 $r[i]>r[j]$,借助变量 t 实施交换,确保 $r[2]$ 次小。

依此类推,最后当 $i=n-1$ 时, $r[n-1]$ 与 $r[n]$ 比较,若 $r[n-1]>r[n]$,实施交换,确保 $r[n]$ 最大。

逐个比较排序进行升序排序的算法描述如下:

```
for(i = 1;j <= n-1;i++)
for(j = i+1;j <= n;j++)
  if(r[i] > r[j])
  {
      t = r[i];
      r[i] = r[j];
      r[j] = t;
  }
```

显然有

$$s = 1 + 2 + \cdots + (n-1) = \frac{n(n-1)}{2}$$

可见逐个比较排序的时间复杂度为 $O(n^2)$。当 n 非常大时，排序所需时间会很长。考虑到逐个比较排序简单，当 n 不是很大时也常使用。

当排序的数量规模很大时，排序的时间也就相应变长。为了缩减排序的时间，降低排序的时间复杂度，出现了很多新颖而有特色的排序算法，下面介绍的快速排序法就是其中之一。

4.4.2　快速排序设计

1.快速排序思路

快速排序又称为分区交换排序，其基本思想是分治，即分而治之：在待排序的 n 个数据 $r[1,2,\cdots,n]$ 中任取一个数（例如 $r[1]$）作为基准，把其余 $n-1$ 个数据分为两个区，小于基准的数放在左边，大于基准的数放在右边。

这样分成的两个区实际上是待排序数据的两个子列。然后对这两个子列分别重复上述分区过程，直到所有子列只有一个元素，即所有元素排到位后，输出排序结果。

2.分区交换描述

```
while(i!=j)
{
    while(r[j]>=r[0]&&j>i)          //从右至左逐个检查是否大于基准
        j=j-1;
    if(i<j)
    {
        r[i]=r[j];
        i=i+1;
    }                               //把小于基准的一个数赋给r(i)
    while(r[i]<=r[0]&&j>i)          //从左至右逐个检查是否小于基准
        i=i+1;
    if(i<j){r[j]=r[i];j=j-1;)       //把大于基准的一个数赋给r(j)
}
```

3. 分区交换实施剖析

为了解分区交换的实施,以具体数据稍加剖析如下。

设 $n = 12$,参与排序的 12 个整数为:

$$r[1] \qquad\qquad \cdots \qquad\qquad r[12]$$
$$25,45,40,13,30,27,56,23,34,41,46,52$$

调用 $qk(1,12)$,执行步骤如下。

① $i = 1, j = 12$,选用 $r[1] = 25$ 为基准,并赋给 $r[0]$,即 $r[0] = 25$,进入 $1 \sim 12$ 实施分区交换的 while 循环:

·从右至左逐个检查大于基准 25 的数,至 $j = 8, r[8] = 23$ 小于基准,则 $r[1] = 23, i = 2$。

·从左至右逐个检查小于基准 25 的数,至 $i = 2, r[2] = 45$ 大于基准,则 $r[8] = 45, j = 7$。

② $i = 2, j = 7, i \neq j$,继续 while 循环:

·从右至左逐个检查大于基准 25 的数,至 $j = 4, r[4] = 13$ 小于基准,则 $r[2] = 13, i = 3$。

·从左至右逐个检查小于基准 25 的数,至 $i = 3, r[3] = 40$ 大于基准,则 $r[4] = 40, j = 3$。

③ $i = 3, j = 3, i = j$,结束 while 循环,由 $r[i] = r[0]$ 定位基准为 $r[3] = 25$。

至此,完成 $qk(1,12)$ 的分区,当前排序为:

$$r[1] \qquad\qquad \cdots \qquad\qquad r[12]$$
$$23,13,25,40,30,27,56,45,34,41,46,52$$

进一步调用 $qk(1,12)$ 与 $qk(4,12)$,继续细化分区。

例如,调用 $qk(4,12)$,执行步骤如下。

$i = 1, j = 2$,选用 $r[1] = 23$ 为基准,并赋给 $r[0]$,即 $r[0] = 23$,进入 $1 \sim 2$ 实施分区交换的 while 循环。

① 从右至左逐个检查大于基准 23 的数,至 $j = 2, r[2] = 13$ 小于基准,则 $r[1] = 13, i = 2$。

② 当从左至右检查时,由于 $i = 2, j = 2, i = j$,结束 while

内循环和 while 外循环,由 $r[i] = r[0]$ 定位基准为 $r[2] = 23$。

至此,完成 $qk(1,12)$ 的分区,子列的当前排序为:

$$r[1] \qquad\qquad r[2]$$
$$13 \qquad\qquad\quad 23$$

而调用 $qk(4,12)$,还需做多次分区。

所有分区完成,即升序排序完成,返回调用 $qk(1,12)$ 处,输出排序结果。

问题:应用快速排序方法对一个记录序列进行升序排列。快速排序(quick sort)的分治策略如下,如图 4-8 所示。

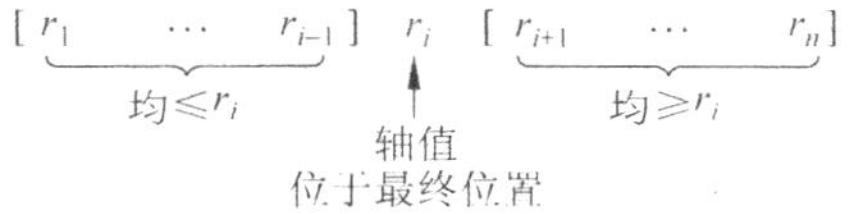

图 4-8　快速排序的分治思想

① 划分:选定一个记录作为轴值,以轴值为基准将整个序列划分为两个子序列 $r_1 \cdots r_{i-1}$ 和 $r_{i+1} \cdots r_n$,轴值的位置 i 在划分的过程中确定,并且前一个子序列中的记录均小于或等于轴值,后一个子序列中的记录均大于或等于轴值。

② 求解子问题:分别对划分后的每一个子序列递归处理。

③ 合并:由于对子序列 $r_1 \cdots r_{i-1}$ 和 $r_{i+1} \cdots r_n$ 的排序是就地进行的,所以合并不需要执行任何操作。

思路:首先对待排序记录序列进行划分,划分的轴值应该遵循平衡子问题的原则,使划分后的两个子序列的长度尽量相等,这是决定快速排序算法时间性能的关键。轴值的选择有很多方法,例如,可以随机选出一个记录作为轴值,从而期望划分是较平衡的。

假设以第一个记录作为轴值,图 4-9 给出了一个划分的例子(黑体代表轴值)。

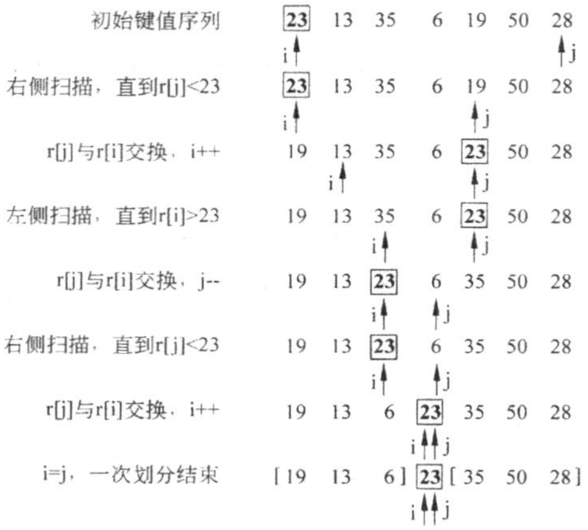

```
初始键值序列      [23]  13  35   6  19  50  28
                  i↑                      ↑j

右侧扫描，直到r[j]<23   [23]  13  35   6  19  50  28
                  i↑                  ↑j

r[j]与r[i]交换，i++   19  13  35   6  [23]  50  28
                      i↑              ↑j

左侧扫描，直到r[i]>23   19  13  35   6  [23]  50  28
                          i↑          ↑j

r[j]与r[i]交换，j--   19  13  [23]  6  35  50  28
                          i↑      ↑j

右侧扫描，直到r[j]<23   19  13  [23]  6  35  50  28
                          i↑    ↑j

r[j]与r[i]交换，i++   19  13   6  [23]  35  50  28
                              i↑ ↑j

i=j，一次划分结束   [19  13   6] [23] [35  50  28]
                              i↑↑j
```

图 4-9　一次划分的过程示例

以轴值为基准将待排序序列划分为两个子序列后，对每一个子序列分别递归进行处理。图 4-10 所示是一个快速排序的完整的例子。

```
初始键值序列      23  13  35   6  19  50  28
一次划分之后      [19  13   6] 23 [35  50  28]
分别进行快序排序   [ 6  13] 19  23 [28] 35 [50]
                  6 [13] 19  23  28  35  50
最终结果          6  13  19  23  28  35  50
```

图 4-10　快速排序的执行过程

算法实现：设函数 Partition 实现对序列 r[first] ～ r[end] 进行划分，快速排序对各个子序列的排序是就地进行，不需要合并子问题的解。快速排序算法用 C＋＋语言描述如下。

```cpp
int Partition(int r[],int first,int end)              //划分
{
  int i=first,j=end;                                  //初始化待划分区间
  while (i<j)
  {
    while(i<j&&r[i]<=r[j])j--;                         //右帧扫描
    if(i<j)
    {
      int temp=r[i];r[i]=r[j];r[j]=temp;              //将较小记录交换到前面
      i++;
    }
    while(i<j&&r[i]<=r[j])i++;                         //左帧扫描
    if(i<j)
    {
      int temp=r[i];r[i]=r[j];r[j]=temp;              //将较大记录交换到后面
      j--;
    }
  }
  return i;                                            //返回轴值记录的位置
}
void Quicksort(int r[],int first,int end)             //快速排序
```

```
{
    int pivot;
    if(first<end)
    {
        pivot=Partition(r,first,end);        //划分，pivot是轴值在序列中的位置
        Quicksort(r,first,pivot-1);          //求解子问题1，对左侧子序列进行快速排序
        Quicksort(r,piVOt+1,end);            //求解子问题2，对右侧子序列进行快速排序
    }
}
```

算法分析：最好情况下，每次划分对一个记录定位后，该记录的左侧子序列与右侧子序列的长度相同。在具有 n 个记录的序列中，一次划分需要对整个待划分序列扫描两遍，则所需时间为 $O(n)$。设 $T(n)$ 是对 n 个记录的序列进行排序的时间，每次划分后，正好把待划分区间划分为长度相等的两个子序列，则有：

$$
\begin{aligned}
T(n) &= 2T(n/2) + n \\
&= 2(2T(n/4 + n/2)) + n \\
&= 4T(n/4) + 2n \\
&= 4(2T(n/8) + n/4) + 2n \\
&= 8T(n/8) + 3n \\
&\quad\vdots \\
&= nT(1) + n\log_2 n \\
&= O(n\log_2 n)
\end{aligned}
$$

最坏情况下，待排序记录序列正序或逆序，每次划分只得到一个比上一次划分少一个记录的子序列（另一个子序列为空）。此时，必须经过 $n-1$ 次递归调用才能把所有记录定位，而且第 i 趟划分需要经过 $n-i$ 次比较才能找到第 i 个记录的位置，因此，时间复杂性为：

$$
\sum_{i=1}^{n-1}(n-i) = \frac{1}{2}n(n-1) = O(n^2)
$$

平均情况下，设轴值记录的关键码为 $k(1 \leqslant k \leqslant n)$，则有：

$$
T(n) = \frac{1}{n}\sum_{k=1}^{n}(T(n-k) + T(k-1)) + n = \frac{2}{n}\sum_{k=1}^{n}T(k) + n
$$

这是快速排序的平均时间性能，可以用归纳法证明，其数量级也为 $O(n\log_2 n)$。

由于快速排序是递归执行的，需要一个栈来存放每一层递

归调用的必要信息,其最大容量应与递归调用的深度一致。最好情况下要进行 n 递归调用,栈的深度为 $O(\log_2 n)$;最坏情况下,因为要进行 $n-1$ 次递归调用,所以,栈的深度为 $O(n)$;平均情况下,栈的深度为 $O(\log_2 n)$。

例 4.6 划分的例子(黑体表示基准元素),设定第一个元素 49 作为基准元素。

① 初始序列。如图 4-11 所示。

49 38 65 97 76 13 27
↑i ↑j

图 4-11 划分初始状态

② 向左扫描。由于 $i < j$ 且 $27 < 49$,因此,$R[i]$ 与 $R[j]$ 交换且 i 后移一位。进行 1 次交换后的状态如图 4-12 所示。

27 38 65 97 76 13 **49**
↑i ↑j

图 4-12 1 次交换后的状态

③ 向右扫描。由于 $i < j$ 且 $38 < 49$,i 后移 1 位。i 和 j 的位置关系如图 4-13 所示。

27 38 65 97 76 13 **49**
    ↑i ↑j

图 4-13 i 后移 1 位后的状态

④ 向右扫描。由于 $i < j$ 且 $65 > 49$,因此,$R[i]$ 与 $R[j]$ 交换且 i 前移一位。进行 2 次交换后的状态如图 4-14 所示。

27 38 **49** 97 76 13 65
    ↑i ↑j

图 4-14 2 次交换后的状态

⑤ 向左扫描。由于 $i < j$ 且 $13 < 49$,因此,$R[i]$ 与 $R[j]$ 交换且 i 后移一位。进行 3 次交换后状态如图 4-15 所示。

27 38 13 97 76 **49** 65
    ↑i ↑j

图 4-15 3 次交换后的状态

⑥ 向右扫描。由于 $i < j$ 且 $97 > 49$，因此，$R[i]$ 与 $R[j]$ 交换且 j 前移一位。进行 4 次交换后的状态如图 4-16 所示。

27　38　13　**49**　76　97　65
　　　　　　↑i ↑j

图 4-16　4 次交换后的状态

⑦ 向左扫描。由于 $i < j$ 且 $76 > 49$，j 前移一位，i 和 j 的位置关系如图 4-17 所示。

27　38　13　**49**　　76　97　65
　　　　　↑i↑j

图 4-17　j 前移 1 位的状态

⑧ 此时 $i = j$ 循环结束，返回 j，即基准元素所处的最终位置。至此，划分过程结束。

4.5　凸包问题

凸包是一种几何中非常重要的结构，可以用于构建其他多种几何结构。一个平面上的点集 S 对应的凸包定义为包含 S 中所有点的最小凸多边形[一个多边形是凸的，如果对于多边形内的任意两点 p_1 和 p_2，从 p_1 到 p_2 的有向线段（记为 $< p_1, p_2 >$）都完全包含在该多边形内]。图 4-18 给出一个例子。

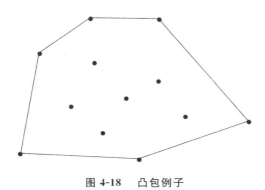

图 4-18　凸包例子

点集 S 对应的凸包上的顶点构成了 S 的一个子集。凸包问题有两种变形。

① 得到凸包的所有顶点 [这些点也被称为极值点（extreme points）]。

② 按某种次序得到凸包的所有顶点。

有一个简单的算法可以得到平面上给定点集 S 对应的极点。要判断一个点 $p \in S$ 是否是极值点，算法需要查看点 p 是否在 S 中任意三个点构成的三角形内。如果 p 包含在某个这样的三角形内，它就不是极值点；否则它是极值点。判断 p 是否包含在一个三角形内可以在 $\Theta(1)$ 时间内完成。因为共有 $\Theta(n^3)$ 个可能的三角形，算法需要 $\Theta(n^3)$ 的时间来判断一个点是否是极值点。又因为有 $\Theta(n)$ 个点，算法总共需要 $\Theta(n^4)$ 的时间。

利用分治思想我们可以在 $\Theta(n\log n)$ 时间内解决上述两个问题。本节中我们将介绍凸包的三个算法。第一个的最差时间是 $\Theta(n^2)$，但它的平均时间是 $\Theta(n\log n)$。这个算法的结构与 QuickSort 的非常类似。第二个算法的最差时间是 $\Theta(n\log n)$，并不是基于分治思想的。第三个算法是基于分治思想的，并且它的最差时间是 $\Theta(n\log n)$。

4.5.1　几种几何基本

令 A 是 $n \times n$ 矩阵，其元素为 $\{a_{ij}\}$，$1 \leqslant i,j \leqslant n$。$A$ 的第 ij 个子式（minor）是指从 A 中去掉第 i 行和第 j 列所得的子矩阵。A 的行列式（deteminant），记为 $\det(A)$，定义为：

$$\det(A) = \begin{cases} a_{11} & n = 1 \\ a_{11}\det(A_{11}) - a_{12}\det(A_{12}) + \cdots + (-1)^{n-1}\det(A_{1n}) & n > 1 \end{cases}$$

考虑从点 $p_1(x_1, y_1)$ 出发，到点 $p_2(x_2, y_2)$ 终止的线段。如果 $q = (x_3, y_3)$ 是另外一个点，我们称 q 在 $<p_1, p_2>$ 的左边（右边），如果角 $p_1 p_2 q$ 是向左转（向右转）的，我们称一个角向左转（向右转），如果它是小于等于（大于等于）180 度。判断 q 在 $<p_1, p_2>$ 的左边还是右边可以通过计算下述矩阵的行列式而得到：

$$\begin{bmatrix} x_1 & x_2 & x_3 \\ y_1 & y_2 & y_3 \\ 1 & 1 & 1 \end{bmatrix}$$

如果这个行列式是正数（负数），那么 q 在 $<p_1,p_2>$ 的左边（右边）。如果行列式是 0，那么这三个点共线。我们可以用此来检查一个点 p 是否在由三个点，例如 p_1、p_2 和 p_3（顺时针方向）构成的三角形内。点 p 在这个三角形中，当且仅当 p 在线段 $<p_1,p_2>$、$<p_2,p_3>$ 和 $<p_3,p_1>$ 的右边。

另外，对于任意三个点 (x_1,y_1)、(x_2,y_2) 和 (x_3,y_3)，其对应三角形的带正负号的面积（signed area）是上面行列式的一半。

令 $p_1,p_2,\cdots,p_n$ 是按顺时针方向的凸多边形 Q 的顶点。令 p 是任意其他的点。我们想知道点 p 是在 Q 的内部还是外部。考虑穿过点 p 的从 $-\infty$ 到 $+\infty$ 的水平线 h，有两种可能。

①h 不与 Q 的任意边相交。

②h 与 Q 的一些边相交。

如果 ① 为真，那么 q 在 Q 的外面。如果是 ②，则最多有两个交点。如果 h 与 Q 交在一个点上也算成是两个点。计算在 p 的左边的交点个数。如果是偶数的话，p 在 Q 的外面；否则 p 在 Q 的里面。这个方法可以在 $\Theta(n)$ 时间内检查 p 是否在 Q 的里面。

4.5.2　QuickHull 算法

可以设计与 QuickSort 类似的算法来计算平面上 n 个点的集合 X 所对应的凸包。我们称这个算法为 QuickHull，首先找出 X 中 x 坐标值最大和最小的两个点（称为 p_1 和 p_2）。这里我们先假设没有坐标值相同的情况，后面我们会讨论如何处理值相同的情况。p_1 和 p_2 都是极值点并且是凸包的一部分。X 可以被分成两部分：X_1 和 X_2，满足 X_1 包含所有在线段 $<p_1,p_2>$ 左边的点；满足 X_2 包含所有在线段 $<p_1,p_2>$ 右边的点。X_1 和 X_2

都同时包括 p_1, p_2。然后 X_1 和 X_2 的凸包[分别被称为上凸包（upper hull）和下凸包（lower hull）]，可以用分治算法 Hull 来计算。最后两个凸包组合起来就是整个的凸包。

如果有不止一个点的 x 坐标值最小，令 p'_1 和 p''_1 是其中 y 坐标值最小和最大的。类似定义 p'_2 和 p''_2 是 x 坐标值最大的两个点。那么定义 X_1 是所有在 $< p''_1, p''_2 >$ 左边的点（包括 p''_1 和 p''_2），X_2 是所有在 $< p'_1, p'_2 >$ 右边的点（包括 p'_1、p'_2）。简单起见我们下面假设 p_1、p_2 没有坐标值相同的情况。如果出现相同值需要有相应的修改。

下面我们介绍 Hull 如何计算 X_1 的凸包。我们来判断 X_1 中的一个点是否在凸包上，然后用它将问题划分为两个独立的子问题。这个点是选择 p_1、p_2 所构成的三角形面积最大的点 p。如果面积相同则选择角度 pp_1p_2 最大的点。令 p_3 是这个点。

现在 X_1 被分成两个部分：第一部分包括所有 X_1 中在 $< p_1, p_3 >$ 左边的点（包括 p_1、p_3），第二部分包括所有 X_1 中在 $< p_3, p_2 >$ 左边的点（包括 p_3、p_2，见图 4-19）。在 X_1 中不存在同时在 $< p_1, p_3 >$ 和 $< p_3, p_2 >$ 左边的点。并且所有其他的点都是内点，后续都不用再考虑了。这两部分的凸包可递归计算，并且两个凸包可以通过顺序摆放很容易地合并到一起。

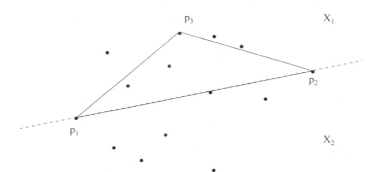

图 4-19　在 X_1 的凸包上确定一个点

如果 X_1 中共有 m 个点，我们可以在 $O(m)$ 时间内找到 p_3。划分 X_1 也可以在 $O(m)$ 时间内完成。合并两个凸包的时间代价

是 $O(1)$。令 $T(m)$ 表示 Hull 在 m 个点上的运行时间,令 m_1 和 m_2 分别表示划分后两部分的大小。注意 $m_1 + m_2 \leqslant m$。$T(m)$ 的递归表达式为:

$$T(m) = T(m_1) + T(m_2) + O(m)$$

这个结果与 QuickSort 的非常类似。对于 m 个点的输入的最差情况是 $O(m^2)$。这发生在每一层的划分都是非常不均匀的时候。

如果每层递归的划分都是几乎均匀的,那么与 QuickSort 相同,其运行时间为 $(m\log m)$。因此,当输入大小为 n 并且输入分布符合适当假设的情况下,QuickHull 的平均运行时间是 $O(n\log n)$。

4.5.3　Graham 扫描

如果 S 是平面中的一个点集,Graham 扫描可以从 S 中确定 y 坐标最小的点 p(如果值相等的情况取最左边的)。然后它将 S 中的点按照该点与 p 以及 x 轴正向构成的角度排序。图 4-20 给出一个例子。排序完成之后,我们可以从 p 开始按顺序扫描,每三个连续的点,如果它们都在凸包上则构成一个左旋转。反过来,如果连续三个点 p_1、p_2、p_3 构成的右旋转,我们可以马上不考虑 p_2,因为它不可能在凸包上。注意 p_2 一定是一个内点,因为它在 p、p_1、p_3 构成的夹角里。

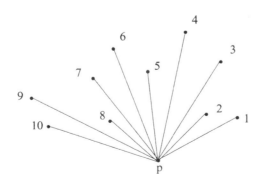

图 4-20　Graham 扫描算法先将点排序

我们可以根据上面的办法排除所有的内点。从 p 开始，我们一次考虑连续的三个点 p_1、p_2、p_3。最开始的时候 $p_1 = p$。如果这些点构成一个左旋转，我们移到下三个点（令 $p_2 = p_1$ 等）。如果三个点构成一个右旋转，那么删除 p_2，因为它是内点。我们考虑下一个点，令 p_1 的值为它的前驱。这个过程一直持续到再次遇到 p 为止。

例 4.7 在图 4-20 中，最开始的三个点是 p、1 和 2。因为它们构成一个左旋转，我们移到 1、2 和 3。此时构成一个右旋转，因此删除 2。下面要考虑的三个点是 p、1 和 3。它们构成一个左旋转，因此指针又指回点 1。点 1、3 和 4 构成一个左旋转，扫描继续扫过 3、4 和 5，以及 4、5 和 6。此时 5 被删除。三元点对 3、4、6、4、6、7 以及 6、7、8 都构成左旋转，而下一个三元点对 7、8 和 9 是右旋转。因此 8 被删除，接着 7 被删除。下面要检查的三元点对是 4、6、9、6、9、10 以及 9、10、p，它们全部构成左旋转。最后凸包按逆时针方向包括 p、1、3、4、6、9、10。

```
#define NIL 0
#include<iostream.h>
struct point
{
    float   x, y;
    struct point *prev,*next;
};
typedef struct point  Type;
class  pointset
{
  private;
Type* ptslist;
float  Area(float, float, float, float, float, float)
void   print List(Type *);
void   Scan(ype *);
void   Sort(Type *);
  public;
  pointSet()  {ptslist=NIL;}
  void  Insert(float  a,  float  b);
  void  ConvexHull();
}
void  PointSet: ; Scan(Type* list)
{
  Type  *p=list, *p1=list, *p2, *p3;
  float  temp;
   do
     {
      p2 =p1->next;
      if(p2->next)
         p3=p2->next;
      else
         p3=p;
      temp =Area(p1->x,  p1->y,  p2->x,  p2->y,  p3->x,  p3->y);
      if(temp>=0. 0)p1=p1->next;       //如果p1,p2,p3形成了一个左弯,则向前移一个点歹否则删除p2并回移

      else{
          p1->next=p3;p3->prev=p1;delete p2;
          p1=p1->prev;
      }
   }while(!((p3==p)&(temp>=0. 0)));
}
void  PointSet::ConvexHull()
{
                                        //找到ptslist中y坐标最小的点p.以p与x轴形成夹角为准将点排序
  Sort(ptslist);
  Scan(ptslist);
  PrintList(ptslist);
}
```

问题：设 $p_1 = (x_1, y_1), p_2 = (x_2, y_2), \cdots, p_n = (x_n, y_n)$ 是平面上 n 个点构成的集合 S，凸包问题为集合 S 构造最小凸多边形。

想法：设 $p_1 = (x_1, y_1), p_2 = (x_2, y_2), \cdots, p_n = (x_n, y_n)$ 按照 x 轴坐标升序排列，则最左边的点 p_1 和最右边的点 p_2，一定是该集合的凸包顶点，如图 4-21 所示。设 $p_1 p_n$ 是经过点 p_1 和 p_n 的直线，这条直线把集合 S 分成两个子集：S_1 是位于直线上侧和直线上的点构成的集合，S_2 是位于直线下侧和直线上的点构成的集合。S_1 的凸包由下列线段构成：以 p_1 和 p_n 为端点的线段构成的下边界，以及由多条线段构成的上边界，这条上边界称为上包（upper envelope）。类似地，S_2 中的多条线段构成的下边界称为下包（lower envelope）。整个集合 S 的凸包是由上包和下包构成的。由此得到如下所示凸包问题的分治策略。

① 划分。设 $p_1 p_n$ 是经过最左边的点 p_1 和最右边的点 p_n 的直线，则直线 $p_1 p_n$ 把集合 S 分成两个子集 S_1 和 S_2。

② 求解子问题。求集合 S_1 的上包和集合 S_2 的下包。

③ 合并解。求解过程中获得凸包的极点，因此，合并步无须执行任何操作。

下面讨论如何求解子问题。对于集合 S_1 首先找到 S_1 中距离直线 $p_1 p_n$ 最远的顶点 p_{max}，如图 4-22 所示。S_1 中所有在直线 $p_1 p_{max}$ 上侧的点构成集合 $S_{1,1}$，S_1 中所有在直线 $p_{max} p_n$ 上侧的点构成集合 $S_{1,2}$，包含在三角形 $p_{max} p_1 p_n$ 之中的点可以不考虑了。递归地继续构造集合 $S_{1,1}$ 的上包和集合 $S_{1,2}$ 的上包，然后将求解过程中得到的所有最远距离的点连接起来，就可以得到集合 S_1 的上包。同理，可求得集合 S_2 的下包。

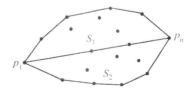

图 4-21　点集合 S 的上包和下包

接下来的问题是如何判断一个点在给定直线的上侧还是下侧，以及如何计算一个点到给定直线的距离。在平面上，经过两个点 $p_i(x_i, y_i)$ 和 $p_j(x_j, y_j)$ 的直线方程为：

$$Ax + By + C = 0$$

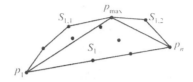

图 4-22 递归地求集合 S_1 的上包

其中，

$$A = y_i - y_j$$
$$B = x_j - x_i$$
$$C = x_i y_j - y_i x_j$$

对于点 $p(x_0, y_0)$，如果点 p 在直线 $p_i p_j$ 的上侧，则 $Ax + By + C > 0$；如果点 p 在直线 $p_i p_j$ 的下侧，则 $Ax + By + C < 0$，并且点 p 到直线 $p_i p_j$ 的距离为：

$$d = \frac{Ax_0 + By_0 + C}{\sqrt{A^2 + B^2}}$$

算法：分治法求解凸包问题的关键是求给定直线的上包和下包，下面给出求直线 $p_i p_j$ 的上包算法，求下包算法请读者自行给出。

算法 4.3：求直线 $p_i p_j$ 的上包

输入：按 x 坐标升序排列的 $n(n \geqslant 2)$ 个点的集合 $S = \{(x_i, y_i), (x_{i+1}, y_{i+1}), \cdots, (x_j, y_j)\}$

输出：凸包的极点

① 如果 n 等于 2，则输出 (x_i, y_i) 和 (x_j, y_j)，算法结束。

②maxd $= 0$；max $= i + 1$。

③ 循环变量 k 从 $i + 1 \sim j - 1$，依次对集合 S 中点 $p_k(x_k, y_k)$ 执行下列操作。

a. 如果点 p_k 在直线 $p_i p_j$ 的上侧，则 $d =$ 该点到直线的距离。

b. 如果 $(d > \max)$,则 $\max d = d$;$\max = k$。

④ 递归求解 $p_i p_{\max}$ 的上包和 $p_{\max} p_j$ 的上包。

算法分析:分治法求解凸包问题首先要对点集合 S 进行排序,设 $|S| = n$,则其时间代价是 $O(n\log_2 n)$。与快速排序类似,如果每次对集合进行划分都得到两个规模大致相等的子集合,这是最好情况,其时间复杂性是 $O(n\log_2 n)$;如果每次划分只得到比上一次划分少一个元素的子集合(另一个子集合为空),这是最坏情况,其时间复杂性是 $O(n^2)$;平均情况与最好情况同数量级。

4.6　整数乘法

通过实例来讲解大整数的计算,采用分治法实现两个行位大整数的乘法运算。设 X 和 Y 都是 n 位的二进制整数,如果采用小学所学的方法来设计一个计算乘积 XY 的算法,那么计算步骤太多,效率较低。如果将每两个 1 位数的乘法或加法看作一步运算,那么这种方法要作 $O(n^2)$ 步运算才能求出乘积 XY。

图 4-23　大整数 X 和 Y 的分段

将 n 位的二进制整数 X 和 Y 各分为 2 段,每段的长为 $n/2$(假设 n 是 2 的幂),如图 4-23 所示。

由此,

$$X = A2^{n/2} + B$$
$$Y = C2^{n/2} + D$$

这样,X 和 Y 的乘积为:

$$XY = (A2^{n/2} + B)(C2^{n/2} + D) = AC2^n + (AD + CB)2^{n/2} + BD$$

$$(4\text{-}2)$$

（n 为整数）

如果按上式计算 XY，则我们必须进行 4 次 $n/2$ 位整数的乘法（AC，AD，BC 和 BD），以及 3 次不超过 n 位的整数加法，此外还要做两次移位。所有这些加法和移位共有 $O(n)$ 步运算。设 $T(n)$ 是 2 个 n 位整数相乘所需的运算总数，则由上式，有：

$$\begin{cases} T(1) = 1 \\ T(n) = 4T(n/2) + O(n) \end{cases}$$

由此可得

$$T(n) = O(n^2)$$

因此，用式（4-2）来计算 X、Y 的乘积并不比小学生的方法更有效。要想改进算法的时间复杂度，必须减少乘法次数。可将 XY 写成另一种形式：

$$XY = AC2^n + [(A-B)(D-C) + AC + BD]2^{n/2} + BD \quad （n \text{ 为整数}）$$

$$(4\text{-}3)$$

式（4-2）经过变换，它仅需做 3 次 $n/2$ 位整数的乘法 [AC，BD，$(A-B)(D-C)$]，6 次加、减法和两次移位。采用解递归方程的方法马上可得其解为：

$$T(n) = O(n^{\log 3}) = O(n^{1.59})$$

利用式（4-3），并考虑到 X、Y 的符号对结果的影响，给出大整数相乘的完整算法 MULT 如下。

```
//X 和 Y 为两个小于 2n 的整数,返回结果为 X 和 Y 的乘积 XY
// 参数 n 表示数位
Long int MULT(int x,int Y,int n)
{
    S = sign(x) * sign(Y);          //S 为 X 和 Y 的符号乘积
    X = ABS(x);Y = ABS(Y);   //X 和 Y 分别取绝对值
    if(n == 1)
    if(X == 1&&Y == 1)return(S);
    else return(0);
    else
```

```
{
    A = X 的左边 n/2 位;
    B = X 的右边 n/2 位;
    C = Y 的左边 n/2 位;
    D = Y 的右边 n/2 位;
    m₁ = MULT(A,C,n/2);
    m₂ = MULT(A－B,D－C,n/2);
    m₃ = MULT(B,D,n/2);
    S = S * (m₁ * 2ⁿ + (m₁ + m₂ + m₃) * 2^(n/2) + m₃);
    return(S);
}
}
```

4.7　分析分治法在安排循环赛中的应用

4.7.1　问题描述

设有 n 位选手参加羽毛球循环赛,循环赛共进行 $n-1$ 天,每位选手要与其他 $n-1$ 位选手比赛一场,且每位选手每天比赛一场,不能轮空,按此要求为比赛安排日程,并可将比赛日程表设计成一个 n 行 $n-1$ 列的二维表,其中,第 i 行第 j 列表示和第 i 个选手在第 j 天比赛的选手。

4.7.2　算法设计

此算法设计中,当 n 为 2 的幂次方时,较为简单,可以运用分治法,将参赛选手分成两部分, $n = 2^k$ 个选手的比赛日程表就可以通过为 $n/2 = 2^{k-1}$ 个选手设计的比赛日程表来决定,再继续递归分割,直到只剩下两个选手时,比赛日程表的制定就变得很简单,只要让这两个选手进行比赛就可以了,最后逐步合并子问题即可求得原问题的解。

图 4-24 列出了 8 个选手的比赛日程表的求解过程。

算法设计如下。

```
void arrangement(int n,int a[][])
{
    if(n==1)
    {
      a[0][0]=1;
      return;
    }
    arrangement(n/2);
    merger(n);
}
```

```
void merger(int n)
{
  int m=n/2;
  for(int i=0;i<m;i++)
  for(int j=0;j<m;j++)
  {
    a[i][j+m]=a[i][j]+m;      //由左上角小块的值算出对应的右上角小块的值
    a[i+m][j]=a[i][j+m];      //由右上角小块的值算出对应的左下角小块的值
    a[i+m][j+m]=a[i][j];      //由左上角小块的值算出对应的右下角小块的值
  }
}
```

1	2
3	4

(a) $2^k(k=1)$ 个选手比赛

1	2	3	4
2	1	4	3
3	4	1	2
4	3	2	1

(b) $2^k(k=2)$ 个选手比赛

1	2	3	4	5	6	7	8
2	1	4	3	6	5	8	7
3	4	1	2	7	8	5	6
4	3	2	1	8	7	6	5
5	6	7	8	1	2	3	4
6	5	8	7	2	1	4	3
7	8	5	6	3	4	1	2
8	7	6	5	4	3	2	1

(c) $2^k(k=3)$ 个选手比赛

图 4-24 8 个选手的比赛日程表求解过程

4.7.3 算法时间复杂度分析

分析算法的时间性能,迭代处理的循环体内部有两个循环结构,基本语句是最内层循环体的赋值语句,即填写比赛日程表中的元素。基本语句的执行次数为 4^k，所以，上述算法的时间复杂度为 $O(4^k)$。

$$T(n) = 3\sum_{t=1}^{k-1}\sum_{i=1}^{2^t}\sum_{j=1}^{2^t}1 = 3\sum_{t=1}^{k-1}4^t = O(4^k)$$

第5章　动态规划

动态规划(dynamic programming)是一种算法设计方法，它通常用于可将解看成是一系列选择的那些问题。动态规划是由美国数学家贝尔曼(Rechard Bellman)等人在20世纪50年代为了解决多阶段决策问题的最优化问题而创建的。

动态规划的创建对多阶段决策问题的控制有很大帮助，在经济管理、生产调度、工程技术等方面的应用较多。

5.1　概述

5.1.1　动态规划的概念

动态规划处理的对象是多阶段决策问题。

1. 多阶段决策问题

例5.1　已知6种物品和一个可载重量为60的背包，物品 $i(i=1,2,\cdots,6)$ 的重量分别为15、17、20、12、9、14，产生的效益分别为32、37、46、26、21、30。在装包时每一件物品可以装入，也可以不装，但不可拆开装。确定如何装包，使所得装包总效益最大。

这一装包问题的约束条件为：

$$\sum_{i=1}^{6} x_i w_i \leqslant 60$$

目标函数为：

$$\max\sum_{i=1}^{6} x_i p_i,\ x_i \in \{0,1\}$$

对于这 6 个阶段的问题,如果每一个阶段都面临 2 个选择,则共存在 2^6 个决策序列。

可以比较所有 2^6 个决策序列所产生的效益,可知效益的最大值为 134,即最优值为 134。因而决策序列 $(0,1,1,0,1,1)$ 为最优决策序列,即最优解。

在求解多阶段决策问题中,各个阶段的决策依赖于当时的状态并影响以后的发展,即引起状态的转移。一个决策序列是随着变化的状态而产生的,因而有"动态"的含义。

2.最优子结构特性

最优性原理体现为问题的最优子结构特性。最优子结构特性使得在从较小问题的解构造较大问题的解时,只需考虑子问题的最优解,从而大大减少了求解问题的计算量。

3.重叠子问题

可用动态规划算法求解的问题应具备的另一基本要素是子问题的重叠性质。通常,不同的子问题个数随问题的大小呈多项式增长。因此,用动态规划算法通常只需要多项式时间,从而获得较高的解题效率。

为了说明这一点,考虑计算矩阵连乘积最优计算次序时,利用递归式直接计算 $A[i:j]$ 的递归算法 RecurMatrixChain。

```
int RecurMatrixChain(int i,int j)
{
    if(i==j)return 0;
    int u=RecurMatrixChain(i,i)+RecurMatrixChain(i+1,j)+p[i-1]*p[i]*p[j];
    s[i][j]=i;
    for(int k=i+1; k<j; k++)
    {
        int t=RecurMatrixChain(i,k)+RecurMatrixChain(k+1,j)+p[i-1]*p[k]*p[j];
        if(t<u)
        {
            u=t;s[i][j]=k;
        }
    }
    return U;
}
```

用算法 RecurMatrixChain$(1,4)$ 计算 $A[1：4]$ 的递归树如图 5-1 所示。从该图可以看出,许多子问题被重复计算。

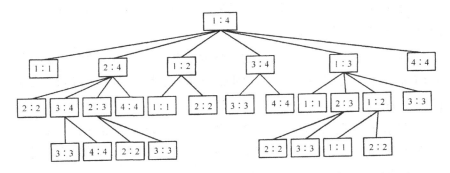

图 5-1　计算 $A[1：4]$ 的递归树

设算法中判断语句和赋值语句花费常数时间,则 $T(n)$ 的递归不等式如下:

$$T(n) \geqslant \begin{cases} O(1) & n = 1 \\ 1 + \sum\limits_{k=1}^{n-1}(T(k) + T(n-k) + 1) & n > 1 \end{cases}$$

因此,当 $n > 1$ 时,

$$T(n) \geqslant 1 + (n-1) + \sum_{k=1}^{n-1} T(k) + \sum_{k=1}^{n-1} T(n-k) = n + 2\sum_{k=1}^{n-1} T(k)$$

据此,可用数学归纳法证明 $T(n) \geqslant 2^{n-1} = \Omega(2^n)$。

直接递归算法 RecurMatrixChain 的计算时间随 n 指数增长。相比之下,解同一问题的动态规划算法 MatrixChain 只需计算时间 $O(n^3)$。其有效性就在于它充分利用了问题的子问题重叠性质。不同的子问题个数为 $O(n^2)$,而动态规划算法对于每个不同的子问题只计算一次,从而节省了大量不必要的计算。

5.1.2　动态规划法的设计思想

一般来说,动态规划法的求解过程由以下三个阶段组成,如图 5-2 所示。

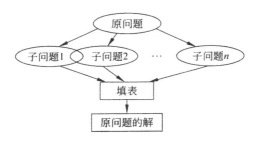

图 5-2　动态规划法的求解过程

① 划分子问题：将原问题分解为若干个子问题，每个子问题对应一个决策阶段，并且子问题之间具有重叠关系。

② 确定动态规划函数：根据子问题之间的重叠关系找到子问题满足的递推关系式（即动态规划函数），这是动态规划法的关键。

③ 填写表格：设计表格，以自底向上的方式计算各个子问题的解并填表，实现动态规划过程。

上述动态规划过程可以求得问题的最优值（即目标函数的极值），如果要求出具体的最优解，通常在动态规划过程中记录必要的信息，再根据最优决策序列构造最优解。

例如，斐波那契序列存在如下递推式：

$$F(n) = \begin{cases} 1 & n = 1 \\ 2 & n = 2 \\ F(n-1) + F(n-2) & n > 2 \end{cases}$$

注意到，计算 $F(n)$ 是以计算它的两个重叠子问题 $F(n-1)$ 和 $F(n-2)$ 的形式来表达的，所以，可以设计一张表填入 $n+1$ 个 $F(n)$ 的值，如图 5-3 所示。开始时，根据递推式的初始条件可以直接填入 $F(1)$ 和 $F(2)$，也可以直接填入 $F(0)$ 和 $F(1)$，显然 $F(0) = (0)$，然后根据递推式计算出其他所有元素，显然，表中最后一项就是 $F(n)$ 的值。

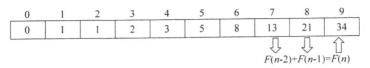

图 5-3　动态规划法求解斐波那契序列的填表过程

5.1.3　动态规划实施步骤

用动态规划求解最优化问题，通常按以下几个步骤进行：

① 把所求最优化问题分成若干个阶段，找出最优解的性质，并刻画其结构特性。

② 将问题发展到各个阶段时所处不同的状态表示出来，确定各个阶段状态之间的递推（或递归）关系，并确定初始（边界）条件。通过设置相应的函数表示各个阶段的最优值，分析归纳出各个阶段状态之间的转移关系，是应用动态规划设计求解的关键。

③ 应用递推（或递归）求解最优值。递推（或递归）计算最优值是动态规划算法的实施过程。具体应用与所设置的表示各个阶段最优值的函数密切相关。

④ 根据计算最优值时所得到的信息构造最优解。

以上步骤中前三个是动态规划设计求解最优化问题的基本步骤。当只需求解最优值时，第四个步骤可以省略。若需求出问题的最优解，则必须执行第四个步骤。

5.1.4　一个简单的例子 —— 数塔问题

问题：如图 5-4 所示的一个数塔，从数塔的顶层出发，在每个节点可以选择向左走或向右走，一直走到最底层，要求找出一条路径，使得路径上的数值和最大。例如，图 5-4 所示数塔的最大数值和是 $8+15+9+10+18=60$。

想法：观察图 5-4 所示数塔不难发现，从五层数塔的顶层（设顶层为第一层）出发，下一层选择向左走还是向右走取决于

2 个四层数塔的最大数值和,如图 5-5 所示,显然子问题具有重叠的特征。

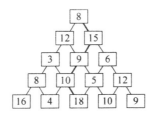

图 5-4　　一个 5 层数塔

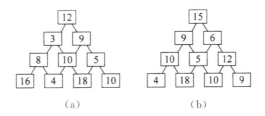

（a）　　　　　　　　　　（b）

图 5-5　　数塔问题的子问题具有重叠关系

如何找到子问题满足的动态规划函数呢?显然,动态规划的求解需要从底层开始进行决策,图 5-4 所示数塔问题的决策过程如图 5-6 所示,具体过程如下。

第1层的决策	8+max{49,52} = 60			
第2层的决策	12+max{31,37} = 49	15+max{37,29} = 52		
第3层的决策	3+max{24, 28} = 31	9+max{28,23} = 37	6+max{23,22} = 29	
第4层的决策	8+max{16,4} = 24	10+max{4,18} = 28	5+max{18,10} = 23	12+ max{10,9} = 22
初始化	16	4	18	10	9

自底向上填写

图 5-6　　数塔问题的决策过程

求解初始子问题:底层的每个数字可以看作一层数塔,则最大数值和就是其自身,填写图 5-6 最下一行。

再求解下一阶段的子问题:第四层的决策是在底层决策的

基础上进行求解,可以看作 4 个两层数塔,如图 5-7(a) 所示,对每个数塔进行求解,填写图 5-6 的第 4 行。

再求解下一阶段的子问题:第 3 层的决策是在第 4 层决策的基础上进行求解,可以看作 3 个 2 层的数塔,如图 5-7(b) 所示,对每个数塔进行求解,填写图 5-6 的第 3 行。

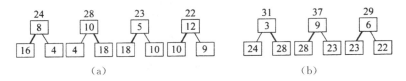

图 5-7   数塔问题的动态规划求解过程(最上面的数字表示决策结果)

(a) 第 4 层的决策结果;(b) 第 3 层在第 4 层的基础上进行决策

依此类推,直到最后一个阶段:第 1 层的决策结果就是数塔问题的整体最优解。

由上述填表过程,可以设计数塔问题的存储结构。将给定的数塔存储为如图 5-8 所示下三角矩阵 $d[n][n]$,设二维数组 $maxAdd[n][n]$ 存储动态规划每一步的决策结果,最后 $maxAdd[0][0]$ 存储的就是数塔问题的最优解,则得到如下动态规划函数:

$$d[5][5]=\begin{pmatrix} 8 & & & & \\ 12 & 15 & & & \\ 3 & 9 & 6 & & \\ 8 & 10 & 5 & 12 & \\ 16 & 4 & 18 & 10 & 9 \end{pmatrix}$$

图 5-8   数塔的存储

为了求得最大数值和的路径,设数组 $path[n][n]$ 保存每一次决策所选择的数字在数组 $d[n][n]$ 中的列下标。例如,$path[i][j]$ 的值表示在第 i 层第 j 个数塔的决策时选择的路径,$path[i][j]$ 的值定义如下:

算法:设函数 DataTower 完成 n 层数塔问题并输出对应的路径,算法用伪代码描述如下:

算法 5.1:数塔问题 DataTower

输入：二维数组 d[n][n]

输出：数塔的最大数值和及其路径

① 初始化数组 maxAdd 的最后一行为数塔的底层数据：

for(j = 0;j < n;j + +)

maxAdd[n = 1][j] = d[n − 1][j]。

② 从 第 n − 1 层 开 始 直 到 第 一 层 对 下 三 角 元 素 maxAdd[i][j] 执行下述操作：

a. maxAdd[i][j] = d[i][j] + max{maxAdd[i + 1][j], maxAdd[i + 1][j + 1])。

b. 如 果 选 择 下 标 j 的 元 素，则 path[i][j] = j，否 则 path[i][j] = j + 1。

③ 输出最大数值和 maxAdd[0][0]。

④ 根 据 path 数 组 确 定 每 一 层 决 策 的 列 下 标，输 出 路 径 信息。

算法分析：在算法 5.1 中，步骤 ① 的时间代价是 $O(n)$；步骤 ② 进行填表工作，需填写 $n−1$ 行，由于数组 maxAdd 是下三角矩阵，第 i 行只需填写 i 个元素，因此，步骤 ② 的时间代价是 $O(n^2)$；由于数组 path 已经记载每个决策的列下标，步骤 ④ 只需输出每行的决策结果，因此，步骤 ④ 的时间代价是 $O(n)$。算法的时间复杂性是 $O(n^2)$。

算法实现：设函数 DataTower 返回数塔的最大数值和，同时输出对应的路径，算法用 C＋＋ 语言描述如下：

```
int DataTower(int d[n][n])              //求解数塔问题，数塔存储在数组d[n][n]中
{
    int maxAdd[n][n]={0},path[n][n]={0};   //初始化
    int i,j;
    for(j=0;j<n;j++)                    //初始化底层决策结果
        maxAdd[n-1][j]=d[n-1][j];
    for(i=n-2;i>=0;i--)                 //进行第i层的决策
        for(j=0;j<=i;j++)              //填写maxAdd[i][j]，只填写下三角
            if(maxAdd[i+1][j]>maxAdd[i+1][j+1])
            {
                maxAdd[i][j]=d[i][j]+maxAdd[i+1][j];
                path[i][j]=j;           //本次决策选择下标j的元素
            }
            else
            {
```

```
        maxAdd[i][j]=d[i][j]+maxAdd[i+1][j+1];
        path[i][j]=j+1;                      //本次决策选择下标j+1的元素
    }
    printf("路径为: %d",d[0][0]);              //输出顶层数字
    j=path[0][0];                            //顶层决策是选择下一层列下标为path[0][0]的元素
    for(i=1;i<n;i++)
    {
        printf("-->%d",d[i][j]);
        j=path[i][j];                        //本层决策是选择下一层列下标为path[i][j]的元素
    }
    return maxAdd[0][0];                      //返回最大数值和，即最终的决策结果
}
```

5.2 矩阵连乘

给定 n 个矩阵 $\{A_1, A_2, \cdots, A_n\}$，其中 A_i 与 A_{i+1} 是可乘的，$i = 1, 2, \cdots, n-1$。考察这 n 个矩阵的连乘积 $A_1, A_2, \cdots, A_n$。

完全加括号的矩阵连乘积可递归地定义为：

① 单个矩阵是完全加括号的。

② 矩阵连乘积 A 是完全加括号的，则 A 可表示为 2 个完全加括号的矩阵连乘积 B 和 C 的乘积并加括号，即 $A = (BC)$。

例如，矩阵连乘积 $A_1 A_2 A_3 A_4$ 可以有以下五种不同的完全加括号方式：

$$(A_1(A_2(A_3 A_4)))$$

$$(A_1((A_2 A_3)A_4))$$

$$((A_1 A_2)(A_3 A_4))$$

$$((A_1(A_2 A_3))A_4)$$

$$(((A_1 A_2)A_3)A_4)$$

首先考虑计算两个矩阵乘积所需的计算量。

计算两个矩阵乘积的标准算法如下，其中 ra, ca 和 rb, cb 分别表示矩阵 A 和 B 的行数和列数。

```
void matrixMultiply(int **a,int **b,int **c,int ra,int ca,int rb,int cb)
{
    if(ca!=rb)error(矩阵不可乘);
    for(int i=0;i<ra;i++)
        for(int j=0;j<cb;j++)
        {
            int sum=a[i][0]*b[0][j];
            for(int k=1;k<ca;k++)
                sum+=a[i][k]*b[k][j];
            c[i][j]=sum;
        }
}
```

矩阵 A 的列数等于矩阵 B 的行数是矩阵 A 和 B 可乘的条件。若 A 是一个 $p \times q$ 矩阵，B 是一个 $q \times r$ 矩阵，则其乘积 $C = AB$ 是一个 $p \times r$ 矩阵。在上述计算 C 的标准算法中，主要计算量在三重循环，总共需要 pqr 次数乘。

但是，穷举法存在计算量庞大的缺点。在实际工作中，对于 n 个矩阵的连乘积，设有不同的计算次序 $P(n)$。由于可以先在第 k 个和第 $k+1$ 个矩阵之间将原矩阵序列分为两个矩阵子序列，$k=1,2,\cdots,n-1$；然后分别对这两个矩阵子序列完全加括号；最后对所得的结果加括号，得到原矩阵序列的一种完全加括号方式。由此，可以得到关于 $P(n)$ 的递归式如下：

$$P(n) = \begin{cases} 1 & n = 1 \\ \sum_{k=1}^{n-1} P(k)P(n-k) & n > 1 \end{cases}$$

解此递归方程可得，$P(n)$ 实际上是 Catalan 数，即 $P(n) = C(n-1)$，式中，

$$C(n-1) = \frac{1}{n+1}\binom{2n}{n} = \Omega(4^n/n^{3/2})$$

也就是说，$P(n)$ 是随 n 的增长呈指数增长的。因此，穷举搜索法不是一个有效算法。

5.3　多段图

一个多段图 $G = (V, E)$ 是一个有向图，其中的顶点可以划分为 $k \geqslant 2$ 个不相交的集合 V_i，$1 \leqslant i \leqslant k$。并且满足如果 $<u, v>$ 是 E 中一条的边，那么存在某个 i，$1 \leqslant i \leqslant k$ 使得 $u \in V_i$，$V \in V_i + 1$。集合 V_1 和 V_k 满足 $|V_1| = |V_k| = 1$。令 s 和 t 分别表示 V_1 和 V_k 中的顶点。顶点 s 是源顶点（source），顶点 t 是终顶点（sink）。令 $c(i, j)$ 是边 $<i, j>$ 代价。从顶点 s 到顶点 t 的路径上的代价是指路径上所有边的代价之和。多段图问题

(multistage graph problem) 就是找到从顶点 s 到顶点 t 代价最小的路径。每一个集合 V_i 都定义了图中的一个阶段。由 E 上对边的限制，我们知道从顶点 s 到顶点 t 的路径都是从阶段 1 开始，经过阶段 2，然后是阶段 3、阶段 4 等，并且最终到达阶段 k。图 5-9 显示了一个 5 段图。顶点 s 到顶点 t 代价最小的路径由虚线表示。

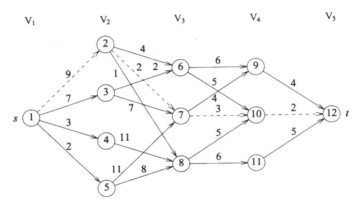

图 5-9　5 段图

很多问题都可以转化成多段图问题。下面举一个例子。考虑一个资源分配问题，其中 n 个资源要分配到 r 个项目中。如果 $j(0 \leqslant j \leqslant n)$ 个资源分配给项目 i，那么最终的收益是 $N(i,j)$。这个问题就是要找到一个收益最大化的分配方法。这个问题可以转化成一个 $r+1$ 段图问题。阶段 i 代表一个项目 i。共有 $n+1$ 个顶点 $V(i,j)$，$0 \leqslant j \leqslant n$，与阶段 i，$2 \leqslant i \leqslant r$。状态 1 和状态 $r+1$ 分别只有一个顶点 $V(1,0) = s$ 和 $V(r+1,n) = t$。顶点 $V(i,j)$，$2 \leqslant i \leqslant r$，代表一共有 j 个资源分配给项目 $1,2,\cdots,i-1$。G 中边为 $<V(i,j),V(i+1,1)>$，其中 $j \leqslant 1,1 \leqslant i \leqslant r$。边 $(V(i,j),V(i+1,1)>(j \leqslant 1)$ 上的权重或代价是 $N(i,1-j)$，表示将 $1-j$ 个资源分配给项目 $i(1 \leqslant i \leqslant r)$。另外，$G$ 中还包括类型为 $<V(r,j),V(r+1,n)>$ 的边。每条这样的边的权重是 $\max_{0 \leqslant p \leqslant n-j}\{V(r,p)\}$。图 5-10 显示了一个当 $n = 4$ 时三个项目的资源分配问题。显然，这个问题的最优解是一条从 s 到 t 的最

大代价的路径。我们可以通过转化所有边上权重的正负,将问题转化为一个最小代价问题。

　　k 段图的动态规划解法是这样的。明确每条从 s 到 t 的路径是 $k-2$ 个决策的结果。第 i 个决策用来决定 $V_i+1(1 \leqslant i \leqslant k-1)$ 中哪个顶点在路径上。显然,最优化原理成立。令 $p(i,j)$ 是从 V_i 中的顶点 j 到顶点 t 的最小代价路径。令 $c(i,j)$ 是该路径的代价,那么从前向后计算可得:

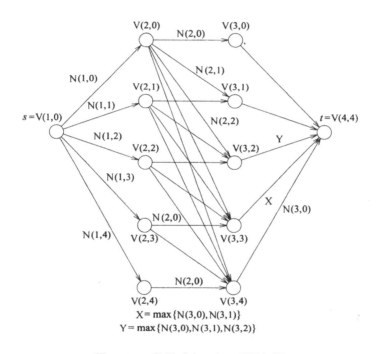

$$X = \max\{N(3,0), N(3,1)\}$$
$$Y = \max\{N(3,0), N(3,1), N(3,2)\}$$

图 5-10　4 段图对应一个 3 项目问题

$$\text{cost}(i,j) = \min_{\substack{l \in V_{i+1} \\ (j,l) \in E}} \{c(j,l) + \text{cost}(i+1,l)\}$$

　　因为当 $<j,t> \in E$ 时,$\text{cost}(k-1,j) = c(i,t)$,当 $<j,t> \in E$ 时,$\text{cost}(k-1,j) = \infty$,可用上式来解 $\text{cost}(1,s)$,即先对所有 $j \in V_{k-2}$ 计算 $\text{cost}(k-2,j)$,然后对所有 $j \in V_{k-3}$ 计算 $\text{cost}(k-3,j)$,等等,最终得到 $\text{cost}(1,s)$。在图 5-9 上,上述计算为:

$$cost(3,6) = \min\{(6 + cost(4,9), 5 + cost(4,100)\} = 7$$
$$cost(3,7) = \min\{(4 + cost(4,9), 3 + cost(4,10)\} = 5$$
$$cost(3,8) = 7$$
$$cost(2,2) = \min\{(4 + cost(3,6), 2 + cost(3,7), 1 + cost(3,8)\} = 7$$
$$cost(2,3) = 9$$
$$cost(2,4) = 18$$
$$cost(2,5) = 15$$
$$cost(1,1) = \min\{(9 + cost(2,2), 7 + cost(2,3), 3 + cost(2,4), 2 + cost(2,5)\} = 16$$

注意在 (2,2) 的计算中，我们重新使用了 $cost(3,6)$、$cost(3,7)$ 和 $cost(3,8)$ 的值，而不用重复计算。从 s 到 t 的路径的最小代价是 16。如果记录在每一个状态下做出的决策，就可以很容易地得到这条路径。令 $d(i,j)$ 是最小化 $c(j,l) + cost\{(i+1,l)$ 的 l 的值（其中 l 是一个节点），从图 5-9 可得：

$$d(3,6) = 10; d(3,7) = 10; d(3,8) = 10;$$
$$d(2,2) = 7; d(2,3) = 6; d(2,4) = 8; d(2,5) = 8;$$
$$d(1,1) = 2$$

令最小代价路径为 $s = 1, v_2, v_3 \cdots, v_{k-1}, t$，易得 $v_2 = d(1,1) = 2, v_3 = d(2, d(1,1)) = 7$ 并且 $v_4 = d(3, d(2, d(1,1))) = d(3,7) = 10$。

在编写算法计算上式之前，给 V 中的顶点设定一个次序，以便于算法的编写。令 V 中的 n 个顶点从 1 编号到 n，顶点的下标按阶段分配。首先，s 的编号是 1，其次编号的是 V_2 中的顶点，最后是 V_3 中的顶点，等等。顶点 t 的编号是 n。因此 V_{i+1} 中的顶点的下标大于 V_i 中的顶点的下标。按照这样的编号规则，cost 和 d 可以按照 $n-1, n-2, \cdots, 1$ 的次序来计算。cost、d 和 p 的第一个下标代表阶段号，在算法中省略。由此而得的算法是 FGraph。

函数 FGraph 的计算复杂度是显而易见的。如果 G 是由邻接链表表示的，那么计算程序的第 10 行中的 r 的时间与 j 的度数

成正比。因此,如果 G 有 $|E|$ 条边,那么第 9 行的 for 循环的时间是 $O(|V|+|E|)$。第 17 行的 for 循环的时间是 $\theta(k)$。所以总的时间是 $O(|V|+|E|)$。除去输入需要的空间,cost[]、d[] 和 p[] 也需要空间。

```
1    void FGraph(graph G,int k,int n,int p[])
2    //输入是一个k段图G=(V,E)
3    //图中有n个顶点以阶段的次序索引
4    //E是边集, c[i][j]是边<i,j>的代价
5    //p[1:k]是最小代价路径
6    {
7        float cost[MAXSIZE];int d[MAXSIZE],r;
8        cost[n]=0.0;
9        for(int j=n-1;j>=1;j--)  {//计算cost[j]
10           //令r为满足如下条件的顶点
11           //<j,r>是G上的边, 且c[j][r]+cost[r]最小;
12              cost[j]=c[j][r]+cost[r];
13              d[j]=r;
14        }
15        //找到最小代价路径
16        p[1]=1;p[k]=n;
17        for(j=2;j<=k-1;j++)p[j]=d[p[j-1]];
18   }
```

多段图问题也可以用向前计算的方法得到。令 $bp(i,j)$ 是从顶点 s 到 V_i 中的顶点 j 的最小代价路径,令 $bcost(i,j)$ 是 $bp(i,j)$ 的代价,那么从后向前计算可得:

$$bcost(i,j) = \min_{\substack{l \in V_{i+1} \\ [j,1] \in E}} \{bcost(i-1,l) + c(1,j)\}$$

因为当 $<1,j> \in E$ 时,$bcost(2,j) = c(1,j)$,当 $<1,j> \notin E$ 时,$bcost(2,j) = \infty$,可用上式来解 $bcost(i,j)$,即先计算所有 $i=3$ 的 bcost,然后计算所有 $i=4$ 的 bcost,等等。在图 5-9 上,上述计算为:

$bcost(3,6) = \min(bcost(2,2)+c(2,6), bcost(2,3)+c(3,6)) = \min(9+4, 7+2) = 9$

$bcost(3,7) = 11$

$bcost(3,8) = 10$

$bcost(4,9) = 15$

$bcost(4,10) = 14$

$bcost(4,11) = 16$

bcost$(5,12) = 16$

这样我们得到一个计算 s—t 的最小代价路径的算法 BGraph。cost、d 和 p 的第一个下标代表阶段号,在算法中省略。当 G 是由逆邻接矩阵表示时(即每一个顶点 v 有一个链表保存所有 $<W,V> \in E$ 的顶点 w),BGraph 和 FGraph 的复杂度相同。

易见 BGraph 和 FGraph 在更一般的多段图问题上也是正确的。更一般是指允许图中出现边 $<U,V>$,其中 $u \in V_i$,$v \in V_i$,且 $i < j$。

```
1    void BGraph(graph G,int k,int n,int p[])
2    //与函数FGraph相同
3    {
4        float bcost[MAXSIZE];int d[MAXSIZE],r;
5        bcost[n]=0.0;
6        for(int j=2;j<=n;j++){//计算bcost[j]
7            //令r为满足如下条件的顶点
8            //<r,j>是G上的边, 且bcost[r]+c[r][j]最小;
9            bcost[j]=bcost[r]+c[r][j];
10           d[j]=r;
11       }
12       //找到最小代价路径
13       p[1]=1;p[k]=n;
14       for(j=k-1;j>=2;j--)p[j]=d[p[j+1]];
15   }
```

5.4 最优路径搜索

本节应用动态规划探讨两类最优路径搜索问题,一类是点数值路径,即连接成路径的每一个点都带有一个数值;另一类是边数值路径,即连接成路径的每一条边都带有一个数值。

5.4.1 点数值三角形的最优路径

点数值三角形是一个二维数阵:三角形由 n 行构成,第 k 行有 k 个点,每一个点都带有一个数值。点数值三角形的数值可以随机产生,也可从键盘输入。

最优路径通常由路径所经各点的数值和来确定。

1.案例提出

在一个 n 行的点数值三角形中,寻找从顶点开始每一步可沿左斜(L)或右斜(R)向下至底的一条路径,使该路径所经过的点的数值和最小。

例如,$n = 7$ 时给出的点数值三角形如图 5-11 所示,如何寻找从顶到底的数值和最小路径?该最优路径的数值和为多少?

```
            22
          14  19
        30  25  10
       8  20  12  27
      6  25  32   6   4
     6  10  10   6   2  32
   32  29   2  13  15   3  24
```

图 5-11　7 行点数值三角形

2.动态规划设计

设点数值三角形的数值存储在二维数组 a 中。

(1) 建立递推关系

设数组 $b[i][j]$ 为点 (i,j) 到底的最小数值和,字符数组 $stm[i][j]$ 指明点 (i,j) 向左或向右的路标。

$b[i][j]$ 与 $stm[i][j]$($i = n-1, n-2, \cdots, 1$) 的值由 b 数组的第 $i+1$ 行的第 j 个元素与第 $j+1$ 个元素值的大小比较决定,即有递推关系:

$b[i][j] = a[i][j] + b[i+1][j+1]$;$stm[i][j] = \text{'R'}(b[i+1][j+1] < b[i+1][j])$

$b[i][j] = a[i][j] + b[i+1][j]$;$stm[i][j] = \text{'L'}(b[i+1][j+1] \geqslant b[i+1][j])$

其中,$i = n-1, n-2, \cdots, 1$

边界条件:$b[n][j] = a[n][j], j = 1, 2, \cdots, n$。

所求的最小路径数值和即问题的最优值为 $b[1][1]$。

（2）逆推计算最优值

```
for(j=1;j<=n;j++)b[n][j]=a[n][j];
for(i=n-1;i>=1;i--)              //逆推得b[i][j]
    for(j=1;j<=i;j++)
      if(b[i+1][j+1]<b[i+1][j])
      {
          b[i][j]=a[i][j]+b[i+1][j+1];stm[i][j]='R';
      }
      else
      {
          b[i][j]=a[i][j]+b[i+1][j];stm[i][j]='L';
      }
printf("%d",b(1,1));
```

（3）构造最优解

为了确定与输出最小路径,利用 stm 数组从上而下查找。

先打印 $a[1][1]$，这是路径的起点。然后根据路标 $stm[1][1]$ 的值决定路径的第二个点：若 $stm[1][1] = 'R'$,则下一个打印 $a[2][2]$;否则打印 $a[2][1]$。

一般地,在输出 i 循环($i = 2, 3, \cdots, n$) 中:

①$stm(i-1, j) = 'R'$ 则打印"—R—"和 $a(i, j+1)$,同时赋值 $j = j+1$。

② 若 $stm(i-1, j) = 'L'$ 则打印"—L—"和 $a(i, j)$。

依此打印出最小路径,即所求的最优解。

（4）算法的复杂度分析

以上动态规划算法的时间复杂度为 $O(n^2)$,空间复杂度也为 $O(n^2)$。

3. 最小路径搜索程序设计

```
//点数值三角形的最小路径
#include<stdio.h>
#include<stdlib.h>
#include<time.h>
void main()
{
```

```
int n,i,j,t;
int a[50][50],b[50][50];char stm[50][50];
printf("请输入数字三角形的行数n： ");
scanf("%d",&n);
t=time(0)%1000;srand(t);                        //随机数发生器初始化
for(i=1;i<=n;i++)
{
    for(j=1;j<=36-2*i;j++)printf("");
    for(j=1;j<=i;j++)
    {
        a[i][j]=rand()/1000+1;
        printf("%4d",a[i][j]);                  //产生并打印n行数字三角形
    }
    printf("\n");
}
printf("请在以上点数值三角形中从顶开始每步可左斜或右斜至底");
printf("寻找一条数字和最小的路径。");
for(j=1;j<=n;j++)b[n][j]=a[n][j];
for(i=n-1;i>=1;i--)                             //逆推得b[i][j]
    for(j=1;j<=i;j++)
        if(b[i+1][j+1]<b[i+1][j])
        {
            b[i][j]=a[i][j]+b[i+1][j+1];stm[i][j]='R';
        }
        else
        {
            b[i][j]=a[i][j]+b[i+1][j];stm[i][j]='L';

        }
    printf("最小路径和为：%d",b[1][1]);          //输出最小数字和
    printf("最小路径为：%d",a[1][1]);j=1;         //输出和最小的路径
    for(i=2;i<=n;i++)
        if(stm[i-1][j]=='R' )
        {
            printf("—R—%d",a[i][j+1]);j++;
        }
        else
        printf("—L—%d",a[i][j]);
    printf("\n");
}
```

4.程序运行示例

运行程序,对于数据如图 5-11 所示的点数值三角形,输出
如下:

最小路径和为:74

最小路径为:22 → R → 19 → R → 10 → L → 12 → R → 6 → R → 2
→ R → 3

5.4.2　边数值矩形的最优路径

边数值矩形也是一个二维数阵:矩形由 n 行 m 列构成,每一
行有 $m-1$ 条横边,每一列有 $n-1$ 条竖边,每一条边都带有一个

数值。

最优路径通常由路径所经各边的数值和来确定。

1. 案例提出

已知 n 行 m 列的边数值矩形,每一个点有向右或向下两个去向,试求左上角顶点到右下角顶点的所经边数值和最大的路径。

例如,给出一个 5 行 6 列的边数值矩形如图 5-12 所示,如何寻找从矩形的左上角顶点到右下角顶点的数值和最大路径?该最优路径的数值和为多少?

2. 动态规划设计

设矩形的行数为 n,列数为 m,每点为 (i,j),$i=1,2,\cdots,n$;$i=1,2,\cdots,m$。显然,该边数值矩形每行有 $m-1$ 条横向数值边,每列有 $n-1$ 条纵向数值边。

```
┌ 10 ┬ 12 ┬ 39 ┬ 13 ┬ 38 ┐
30    16    39    32    19    34
├ 42 ┼ 27 ┼ 25 ┼ 19 ┼ 17 ┤
16    31    21    40    22    22
├ 34 ┼ 39 ┼ 24 ┼ 35 ┼ 10 ┤
20    41    25    32    31    42
├ 21 ┼ 22 ┼ 37 ┼ 30 ┼ 30 ┤
26    40    27    35    34    18
└ 10 ┴ 41 ┴ 35 ┴ 36 ┴ 27 ┘
```

图 5-12　一个 5 行 6 列的边数值矩形

从点 (i,j) 水平向右的边长记为 $r(i,j)$ $(j<m)$,点 (i,j) 向下的边长记为 $d(i,2)$ $(i<n)$。

(1) 建立递推关系

设 $a(i,j)$ 为点 (i,j) 到右下角顶点的最大路程。$st(i,j)$ 为点 (i,j) 的路标数组,其值取为 $\{'d','r'\}$。

$a(i,j)$ 的值由 $a(i+1,j)+d(i,j)$ 与 $a(i,j+1)+r(i,j)$ 比较,取其较大者,即有递推关系:

$$a(i,j)=\max(a(i+1,j)+d(i,j),a(i,j+1)+r(i,j))$$
$$st(i,j)=\{'d','r'\}$$

其中,$i=1,2,\cdots,n-1$;$j=1,2,\cdots,m-1$。

注意到右边纵列与下边横行只有唯一出口,因而有边界条件:

$a(n,m)=0$　(初始化最右下顶点的路径值为0)

$a(i,m)=a(i+1,m)+d(i,m)$　$(i=n-1,n-2,\cdots,1)$

$a(n,j)=a(n,j+1)+r(n,j)$　$(j=m-1,m-2,\cdots,1)$

(2) 逆推计算最优值

```
for(i=n-1;i>=1;i--)
{
    a[i][m]=a[i+1][m]+d[i][m];st[i][m]='d';
}                        //右边纵列初始化
for(j=m-1;j>=1;j--)
{
    a[n][j]=a[n][j+1]+r[n][j];st[n][j]='r';
}                        //下边横行初始化
for(i=n-1;i>=1;i--)      //逆推求解a(i,j)
for(j=m-1;j>=1;j--)
if(a[i+1][j]+d[i][j]>a[i][j+1]+r[i][j])
{
    a[i][j]=a[i+1][j]+d[i][j];st[i][j]='R';
}
else
{
    a[i][j]=a[i][j+1]+r[i][j];st[i][j]='r';
}
```

所求左上角顶点到右下角顶点的最大路程即最优值为 $a(1,1)$。

(3) 构造最优解

利用路标数组输出最优解,从起点$(1,1)$即$i-1,j-1$开始判断:

```
if(st[i][j]=='d')
{
    printf("—%d—",d[i][j]);i++;
}
else
{
    printf("—%d—",r[i][j]);j++;
}
```

必要时可打印出所经点的坐标。

(4) 算法的复杂度分析

以上动态规划算法的时间复杂度为 $O(n^2)$。

3. 最大路径搜索程序设计

```c
//求边数值矩阵图的最大路径
#include<stdio.h>
#include<stdlib.h>
#include<time.h>
void main()
{
    int m,n,i,j,t,a[50][50],r[50][50],d[50][50];
    char st[50][50];
    t=time(0)%1000;srand(t);        //随机数发生器初始化
    printf("在矩形图中寻找一条路程最大的路径。\n");
    printf("请输入矩形的行数n,列数m。");scanf("%d,%d,&n,&m);
    a[n][m]=0;                      //初始化最右下顶点的路径值为0
    printf(" ┌");                   //随机产生并输出边数值矩形
    for(j=1;j<=m-2;j++)
    {
        r[1][j]=rand()/1000+10;printf("%3d",r[1][j]);
        printf("┬");)
        r[1][m-1]=rand()/1000+10;printf("%3d",r[1][m-1]);
        printf("┐ \n");
        for(j=1;j<=m;j++)
        {
            d[1][j]=rand()/1000+10;printf("%3d",d[1][j]);
        }
        printf("\n");
        for(i=2;i<=n-1;i++)
        {
            printf(" ├");
            for(j=1;j<=m--2;j++)
            {
                r[i][j]=rand()/1000+10;printf("%3d",r[i][j]);
                printf("+");
            }
            r[i][m-1]=rand()/1000+10;printf("%3d",r[i][m-1]);
            printf("┤ \n");
            for(j=1;j<=m;j++)
            {
                d[i][j]=rand()/1000+10;printf("%3d",d[i][j]);
            }
            printf("\n");
        }
    printf(" └");
    for(j=1;j<=m-2;j++)
    {
        r[n][j]=rand()／1000+10;printf("%3d",r[n][j]);
        printf(┴);
    }
    r[n][m-1]=rand()／1000+10;printf("%3d",r[n][m-1]);
    printf("┘ \n");
    for(i=n-1;i>=1;i--)             //右列初始化
    {
        a[i][m]=a[i+1][m]+d[i][m];st[i][m]='d';
    }
    for(j=m-1;j>=1;j--)            //下边初始化
    {
        a[n][j]=a[n][j+1]+r[n][j];st[n][j]='r';
    }
```

```
for(i=n-1;i>=1;i--)        //逆推求最优值
for(j=m-1;j>=1;j--)
if(a[i+1][j]+d[i][j]>a[i][j+1]+r[i][j])
{
    a[i][j]=a[i+1][j]+d[i][j];st[i][j]='r';
}
else
{
    a[i][j]=a[i][j+1]+r[i][j];st[i][j]='r';

}
printf("\n最大路程为：%d。",a[1][1]);      //输出最大路程
printf("\n最大路径为：(1,1)");
j=1;i=1;                                    //构造并输出最大路径
while(i<n||j<m)
if(st[i][j]=='d')
{
    printf("—%d—",d[i][j]);i++;
    printf("(—%d,%d)",i,j);
}
else
{
    printf("—%d—",r[i][j]);j++;
    printf("(%d,%d)",i,j);
}
printf("\n");
}
```

4.运行示例与说明

运行程序，对图 5-12 所示的 5 行 6 列矩形，输入和输出如下：

最大路程为：323。

最大路径为：$(1,1) \rightarrow 30 \rightarrow (2,1) \rightarrow 42 \rightarrow (2,2) \rightarrow 31 \rightarrow$ $(3,2) \rightarrow 41 \rightarrow (4,2) \rightarrow 40 \rightarrow (5,2) \rightarrow 41 \rightarrow (5,3) \rightarrow 35 \rightarrow (5,4)$ $\rightarrow 36 \rightarrow (5,5) \rightarrow 27 \rightarrow (5,6)$

为操作简单，以上各例中的数据是应用 C 语言的随机函数产生的。对于求解某些实际路径问题，具体的点数据或边数据可把随机产生改为通过键盘输入，可得实际案例的最优路径。

5.5　最优二叉搜索树

设 $S = \{x_1, x_2, \cdots, x_n\}$ 是有序集，且 $x_1 < x_2 < \cdots < x_n$，表示有序集 S 的二叉搜索树利用二叉树的节点来存储有序集中的

元素。在表示 S 的二叉搜索树中搜索一个元素 x，返回的结果有两种情形：

① 在二叉搜索树的内节点中找到 $x = x_i$。

② 在二叉搜索树的叶节点中确定 $x \in (x_i, x_{i+1})$。

设在第 ① 种情形中找到元素 $x = x_i$ 的概率为 b_i；在第 ② 种情形中确定 $x \in (x_i, x_{i+1})$ 的概率为 a_i。其中约定 $x_0 = -\infty$，$x_{n+1} = +\infty$。显然，有

$$a_i \geqslant 0, 0 \leqslant i \leqslant n; b_j \geqslant 0, 1 \leqslant j \leqslant n; \sum_{i=0}^{n} a_i + \sum_{j=1}^{n} b_j = 1$$

$(a_0, b_1, a_1, \cdots, b, a_n)$ 称为集合 S 的存取概率分布。

在表示 S 的二叉搜索树 T 中，设存储元素 x_i 的节点深度为 c_i；叶节点 (x_j, x_{j+1}) 的节点深度为 d_j，则

$$p = \sum_{i=1}^{n} b_i(1 + c_i) + \sum_{j=0}^{n} a_j d_j$$

表示在二叉搜索树 T 中进行一次搜索所需的平均比较次数。

1. 最优子结构性质

二叉搜索树 T 的一棵含有节点 $x_i, \cdots, x_j$ 和叶节点 $(x_{i-1}, x_i), \cdots, (x_j, x_{j+1})$ 的子树可以看作是有序集 $\{x_i, \cdots, x_j\}$ 关于全集合 $\{x_{i-1}, \cdots, x_{j+1}\}$ 的一棵二叉搜索树，其存取概率为下面的条件概率：

$$\bar{b}_k = b_k / w_{ij} \quad (i \leqslant k \leqslant j)$$
$$\bar{a}_h = a_h / w_{ij} \quad (i - 1 \leqslant h \leqslant j)$$

式中，

$$w_{ij} = a_{i-1} + b_i + \cdots + b_j + a_j \quad 1 \leqslant i \leqslant j \leqslant n$$

设 T_{ij} 是有序集 $\{x_i, \cdots, x_j\}$ 关于存取概率 $\{\bar{a}_{i-1}, \bar{b}_i, \cdots, \bar{b}_j, \bar{a}_j\}$ 的一棵最优二叉搜索树，其平均路长为 p_{ij}。T_{ij} 的根节点存储元素 x_m。其左右子树 T_l 和 T_r 的平均路长分别为 p_l 和 p_r。由于 T_l 和 T_r 中节点深度是它们在 T_{ij} 中的节点深度减 1，故有：

$$w_{i,j}p_{i,j} = w_{i,j} + w_{i,m-1}p_i + w_{m+1,j}p_r$$

由于 T_l 是关于集合 $\{x_i, \cdots, x_{m-1}\}$ 的一棵二叉搜索树,故 $p_l \geqslant p_{i,m-1}$,则用 $T_{i,m-1}$ 替换 T_l 可得到平均路长比 T_{ij} 更小的二叉搜索树。

2. 递归计算最优值

最优二叉搜索树 T_{ij} 的平均路长为 p_{ij},则所求的最优值为 $p_{1,n}$。由最优二叉搜索树问题的最优子结构性质可建立计算 p_{ij} 的递归式如下:

$$w_{i,j}p_{i,j} = w_{i,j} + \min_{i \leqslant k \leqslant j}\{w_{i,k-1}p_{i,k-1} + w_{k+1,j}p_{k+1,j}\}, i \leqslant j$$

初始时

$$p_{i,i-1} = 0, 1 \leqslant i \leqslant n$$

记 $w_{i,j}p_{i,j}$ 为 $m(i,j)$,则

$$m(1,n) = w_{1,n}p_{1,n} = p_{1,n}$$

为所求的最优值。

计算 $m(i,j)$ 的递归式为:

$$m(i,j) = w_{i,j} + \min_{i \leqslant k \leqslant j}\{m(i,k-1) + m(k+1,j)\}, i \leqslant j$$

$$m(i,i-1) = 0, 1 \leqslant i \leqslant n$$

据此,可设计出解最优二叉搜索树问题的动态规划算法 OptimalBinarySearchTree 如下:

```
void OptimalBinarySearchTree(int a,int b,int n,int **m,int **s,int **w)
{
    for(int i=0;i<=n;i++)
    {
        w[i+1][i]=a[i];m[i+1][i]=0;
    }
    for(int r=0;r<n;r++)
    for(int i=1;i<=n-r;i++)
    {
        int j=i+r;
        w[i][j]=w[i]w[j-1]+a[j]+b[j];
        m[i][j]=m[i+1][j];
        s[i][j]=i;
        for(int k=i+1;k<=j;k++)
        {
            int t=m[i][k=1]+m[k+1][j];
            if(t<m[i][j])
```

```
                {
                    m[i][j]=t; s[i][j]=k;
                }
            }
            m[i][j]+=w[i][j];
        }
    }
```

3. 构造最优解

算法 OptimalBinarySearchTree 中用 $s[i][j]$ 保存最优子树 $T(i,j)$ 的根节点中元素。当 $s[1][n] = k$ 时，x_k 为所求二叉搜索树根节点元素。其左子树为 $T(1,k-1)$。因此，$i = s[1][k-1]$ 表示 $T(1,k-1)$ 的根节点元素为 x_i。依此类推，容易由 s 记录的信息在 $O(n)$ 时间内构造出所求的最优二叉搜索树。

4. 计算复杂性

算法中用到 3 个二维数组 m、s 和 w，故所需的空间为 $O(n^2)$。算法的主要计算量在于计算 $\min\limits_{i\leqslant k\leqslant j}\{m(i,k-1)+m(k+1,j)\}$。对于固定的 r，它需要计算时间 $O(j-i+1)=O(r+1)$。因此，算法所耗费的总时间为：

$$\sum_{r=0}^{n-1}\sum_{i=1}^{n-r}O(r+1)=O(n^3)$$

事实上，在上述算法中可以证明：

$$\min_{i\leqslant k\leqslant j}\{m(i,k-1)+m(k+1,j)\}$$
$$=\min_{s[i][j-1]\leqslant k\leqslant s[i+1][j]}\{m(i,k-1)+m(k+1,j)\}$$

由此可对算法做出进一步改进如下：

```
void OBST(int a,int b,int n,int **m,int **s,int **w)
{
    for(int i=0;i<=n;i++)
    {
        w[i+1][i]=a[i];
        m[i+1][i]=0;
        s[i+1][i]=0;
    }
    for(int r=0;r<n;r++)
        for(int i=1;i<=n-r;i++)
        {
            int j=i+r,i1=s[i][j-1]>i?s[i][j-1]:i,j1=s[i+1][j]>i?s[i+1]D]:j;
            w[i][j]=w[i]w[j-1]+a[j]+b[j];
            m[i][j]=m[i][i1-1]+m[i1+1][j];
            s[i][j]=i1;
            for(int k=i1+1;k<=j1;k++)
            {
                int t=m[i][k-1]+m[k+1][j];
                if(t<=m[i][j])
                {
                    m[i][j]=t;
                    s[i][j]=k;
                }
            }
            m[i][j]+=w[i][j];
        }
}
```

改进后算法 OBST 所需的计算时间为 $O(n^2)$，所需的空间为 $O(n^2)$。

5.6　最大子段和

给定由 n 个整数（可能为负整数）组成的序列 $a_1, a_2, \cdots, a_n$，求该序列形如 $\sum_{k=i}^{j} a_k$ 似的子段和的最大值。当所有整数均为负整数时定义其最大子段和为 0。依此定义，所求的最优值为：

$$\max\left\{0, \max_{1 \leqslant i \leqslant j \leqslant n} \sum_{k=i}^{j} a_k\right\}$$

例如，当 $(a_1, a_2, a_3, a_4, a_5, a_6) = (-2, 11, -4, 13, -5, -2)$ 时，最大子段和为 $\sum_{k=2}^{4} a_k = 20$。

1. 最大子段和问题的简单算法

对于最大子段和问题，有多种求解算法。先讨论一个简单算法。其中用数组 a[ ] 存储给定的 n 个整数 $a_1, a_2, \cdots, a_n$。

```
int MaxSum(int n,int *a,int &besti,int &bestj)
{
    int sum=0;
    for(int i=1;i<=n;i++)
    for(int j=i;j<=n;j++)
    {
        int thissum=0;
        for(int k=i;k<=j;k++)thissum+=a[k];
        if(thissum>sum)
        {
            sum=thissum;
            besti=i;
            bestj=j;
        }
    }
    return sum;
}
```

从这个算法的三个 for 循环可以看出，它所需的计算时间是 $O(n^3)$。事实上，如果注意到 $\sum\limits_{k=i}^{j} a_k = a_j + \sum\limits_{k=i}^{j-1} a_k$，则可将算法中的最后一个 for 循环省去，避免重复计算。改进后的算法可描述为：

```
int MaxSum(int n,int *a,int &besti,int &bestj)
{
    int sum=0;
    for(int i=1;i<=n;i++)
    {
        int thissum=0;
        for(int j=i;j<=n;j++)
        {
            thissum+=a[j];
            if(thissum>sum)
            {
                sum=thissum;
                besti=i;
                bestj=j;
            }
        }
    }
    return sum;
}
```

改进后的算法显然只需要 $O(n^2)$ 的计算时间。上述改进是在算法设计技巧上的一个改进，能充分利用已经得到的结果，避免重复计算，节省了计算时间。

2.最大子段和问题的分治算法

如果将所给的序列 $a[1:n]$ 分为长度相等的两段 $a[1:n/2]$ 和 $a[n/2+1:n]$,分别求出这两段的最大子段和,则 $a[1:n]$ 的最大子段和有三种情形。

①$a[1:n]$ 的最大子段和与 $a[1:n/2]$ 的最大子段和相同。

②$a[1:n]$ 的最大子段和与 $a[n/2+1:n]$ 的最大子段和相同。

③$a[1:n]$ 的最大子段和为 $\sum\limits_{k=i}^{j} a_k$,且 $1 \leqslant i \leqslant n/2, n/2+1 \leqslant j \leqslant n$。

① 和 ② 这两种情形可递归求得。对于情形 ③,容易看出,$a[n/2]$ 与 $a[n/2+1]$ 在最优子序列中。因此,可以在 $a[1:n/2]$ 中计算出 $s1 = \max\limits_{1 \leqslant i \leqslant n/2} \sum\limits_{k=i}^{n/2} a[k]$,并在 $a[n/2+1]$ 中计算出 $s2 = \max\limits_{n/2+1 \leqslant i \leqslant n} \sum\limits_{k=n/2+1}^{i} a[k]$,则 $s1+s2$ 即为出现情形 ③ 时的最优值。据此可设计出求最大子段和的分治算法如下:

```
int MaxSubSum(int *a,int left,int right)
{
    int sum=0;
    if(left==right)sum=a[left]>0?a[left]:0;
    else
    {
        int center=(left+right)/2;
        int leftsum=MaxSubSum(a,left,center);
        int rightsum=MaxSubSum(a,center+1,right);
        int s1=0;
        int lefts=0;
        for(int i=center;i>=left;i--)
        {
            lefts+=a[i];
            if(lefts>s1)s1=lefts;
        }
        int s2=0;
        int rights=0;
        for(int i=center+1;i<=right;i++)
        {
```

```
                rights+=a[i];
                if(rights>s2)s2=rights;
            }
            sum=s1+s2;
            if(sum<leftsum)sum=leftsum;
            if(sum<rightsum)sum=rightsum;
        }
    return sum;
}
int MaxSum(int n,int *a)
{
    return MaxSubSum(a,1,n);
}
```

该算法所需的计算时间 $T(n)$ 满足典型的分治算法递归式

$$T(n)=\begin{cases} O(1) & n\leqslant c \\ 2T(n/2)+O(n) & n>c \end{cases}$$

解此递归方程可知，$T(n)=O(n\log n)$。

3. 最大子段和问题的动态规划算法

在对上述分治算法的分析中注意到，若记 $b[j]=\max\limits_{1\leqslant i\leqslant j}\left\{\sum\limits_{k=i}^{j}a[k]\right\}$，$1\leqslant j\leqslant n$，则所求的最大子段和为：

$$\max_{1\leqslant i\leqslant j\leqslant n}\sum_{k=i}^{j}a_k=\max_{1\leqslant j\leqslant n}\max_{1\leqslant i\leqslant j}\sum_{k=i}^{j}a[k]=\max_{1\leqslant j\leqslant n}b[j]$$

由 $b[j]$ 的定义易知，当 $b[j-1]>0$ 时 $b[j]=b[j-1]+a[j]$，否则 $b[j]=a[j]$。由此可得计算 $b[j]$ 的动态规划递归式：

$$b[j]=\max\{b[j-1]+a[j],a[j]\},1\leqslant j\leqslant n$$

据此，可设计出求最大子段和的动态规划算法如下：

```
int MaxSum(int n,int *a)
{
    int sum=0,b=0;
    for(int i=1;i<=n;i++)
    {
        if(b>0)b+=a[i];
        else b=a[i];
        if(b>sum)sum=b;
    }
    return sum;
}
```

上述算法显然需要 $O(n)$ 计算时间和 $O(n)$ 空间。

4.最大子段和问题与动态规划算法的推广

最大子段和问题可以很自然地推广到高维的情形。

（1）最大子矩阵和问题

最大子矩阵和[①]问题是最大子段和问题向二维的推广。用二维数组 $a[1:m][1:n]$ 表示给定的 m 行 n 列的整数矩阵。子数组 $a[i1:i2][j1:j2]$ 表示左上角和右下角行列坐标分别为 $(i1,j1)$ 和 $(i2,j2)$ 的子矩阵，其各元素之和记为：

$$s(i1,i2,j1,j2)=\sum_{i=i1}^{i2}\sum_{j=j1}^{j2}a[i][j]$$

最大子矩阵和问题的最优值为 $\max\limits_{\substack{1\leqslant i1\leqslant i2\leqslant m \\ 1\leqslant j1\leqslant j2\leqslant n}}s(i1,i2,j1,j2)$。

如果用直接枚举的方法解最大子矩阵和问题，需要 $O(m^2n^2)$ 时间。注意到：

$$\max_{\substack{1\leqslant i1\leqslant i2\leqslant m \\ 1\leqslant j1\leqslant j2\leqslant n}}s(i1,i2,j1,j2)=\max_{1\leqslant i1\leqslant i2\leqslant m}\{\max_{1\leqslant j1\leqslant j2\leqslant n}s(i1,i2,j1,j2)\}$$

$$=\max_{1\leqslant i1\leqslant i2\leqslant m}t(i1,i2)$$

式中，

$$t(i1,i2)=\max_{1\leqslant j1\leqslant j2\leqslant n}s(i1,i2,j1,j2)=\max_{1\leqslant j1\leqslant j2\leqslant n}\sum_{i=i1}^{i2}\sum_{j=j1}^{j2}a[i][j]$$

设 $b[j]=\sum_{i=i1}^{i2}a[i][j]$，则

$$t(i1,i2)=\max_{1\leqslant j1\leqslant j2\leqslant n}\sum_{j=j1}^{j2}b[j]$$

借助于最大子段和问题的动态规划算法 MaxSum，可设计出动态规划算法 MaxSum2 如下：

```
int MaxSum2(int m,int n,int **a)
{
    int sum=0;
    int *b=new int[n+1];
    for(int i=1;i<=m;i++)
    {
```

---

① 给定一个 m 行 n 列的整数矩阵 A，试求矩阵 A 的一个子矩阵，使其各元素之和为最大。

```
    for(int k=1;k<=n;k++)b[k]=0;
    for(int j=i;j<=m;j++)
    {
        for(int k=1;k<=n;k++)b[k]+=a[j][k];
        int max=MaxSum(n.b);
        if(max>sum)sum=max;
    }
    return sum;
}
```

算法 MaxSum2 需要 $O(m^2 n)$ 计算时间。特别地，当 $m = O(n)$ 时，算法 MaxSum2 需要 $O(n^3)$ 计算时间。

（2）最大 m 子段和问题[①]

设 $b(i,j)$ 表示数组 a 的前 j 项中 i 个子段和的最大值，且第 i 个子段含 $a[j]$（$1 \leqslant i \leqslant m, i \leqslant j \leqslant n$），则所求的最优值显然为 $\max\limits_{m \leqslant j \leqslant n} b(m,j)$。与最大子段和问题类似，计算 $b(i,j)$ 的递归式为：

$$b(i,j) = \max\{b(i,j-1)+a[j], \max\limits_{i-1 \leqslant t < j} b(i-1,t)+a[j]\}$$
$$(1 \leqslant i \leqslant m, i \leqslant j \leqslant n)$$

式中，$b(i,j-1) + a[j]$ 项表示第 i 个子段含 $a[j-1]$；$\max\limits_{i-1 \leqslant t < j} b(i-1,t) + a[j]$ 项表示第 i 个子段含 $a[j]$。

初始时

$$b(0,j) = 0 \quad (1 \leqslant j \leqslant n)$$
$$b(i,0) = 0 \quad (1 \leqslant i \leqslant m)$$

根据上述计算 $b(i,j)$ 的动态规划递归式，可设计解最大 m 子段和问题的动态规划算法如下：

```
int MaxSum(int m,int n,int *a)
{
    if(n<m||m<1)return 0;
    int **b=new;int *[m+1];
    for(int i=0;i<=m;i++)b[i]=new int[n+1];
    for(int i=0;i<=m;i++)b[i][0]=0;
    for(int j=1;j<=n;j++)b[0][j]=0;
    for(int i=1;i<=m;i++)
      for(int j=i;j<=n-m+i;j++)
        if(j>i)
```

---

① 给定由 n 个整数（可能为负整数）组成的序列 $a_1, a_2, \cdots, a_n$，以及一个正整数 m，要求确定序列 $a_1, a_2, \cdots, a_n$ 的 m 个不相交子段，使这 m 个子段的总和达到最大。最大 m 子段和问题是最大子段和问题在子段个数上的推广。换句话说，最大子段和问题是最大 m 子段和问题当 $m = 1$ 时的特殊情形。

```
        {
            b[i][j]=b[i][j-1]+a[j];
            for(int k=i-1;k<j;k++)
              if(b[i][j]<b[i-1][k]+a[j])b[i][j]=b[i-1][k]+a[j];
        }
        else b[i][j]=b[i-1][j-1]+a[j];
    int sum=0;
    for(int j=m;j<=n;j++)
      if(sum<b[m][j])sum=b[m][j];
    return sum;
  }
```

上述算法显然需要 $O(mn^2)$ 计算时间和 $O(mn)$ 空间。

可对上述算法做进一步改进如下：

```
int MaxSum(int m,int n,int *a)
{
    if(n<m||m<1)return 0;
    int *b=new int[n+1];
    int *c=new int[n+1];
    b[0]=0;
    c[1]=0;
    for(int i=1;i<=m;i++)
    {
        b[i]=b[i-1]+a[i];
        c[i-1]=b[i].
        int max=b[i];
        for(int j=i+1;j<=i+n-m;j++)
        {
            b[j]=b[j-1]>c[j-1]?b[j-1]+a[j]:c[j-1]+a[j];
            c[j-1]=max;
            if(max<b[j])max=b[j];
        }
        c[i+n-m]=max;
    }
    int sum=0;
    for(int j=m;j<=n;j++)
        if(sum<b[j])sum=b[j];
    return sum;
}
```

上述算法需要 $O(m(n-m))$ 计算时间和 $O(n)$ 空间。当 m 或 $n-m$ 为常数时，上述算法需要 $O(n)$ 计算时间和 $O(n)$ 空间。

5.7   图像压缩

图像的变位压缩存储格式将所给的像素点序列 $\{p_1,p_2,\cdots,$

$p_n\}$①分割成 m 个连续段 $S_1, S_2, \cdots, S_m$。第 i 个像素段 S_i 中($1 \leqslant i \leqslant m$),有 $l[i]$ 个像素,且该段中每个像素都只用 $b[i]$ 位表示。

设 $t[i] = \sum\limits_{k=1}^{i-1} l[k], 1 \leqslant i \leqslant m$,则第 i 个像素段 S_i 为:

$$S_i = \{p_{t[i]+1}, \cdots, p_{t[i]+l[i]}\}, 1 \leqslant i \leqslant m$$

设

$$h_i = \left| \log\left(\max_{t[i]+1 \leqslant k \leqslant t[i]+l[i]} p_k + 1 \right) \right|$$

则

$$h_i \leqslant b[i] \leqslant 8$$

存储像素序列 $\{p_1, p_2, \cdots, p_n\}$,需要 $\sum\limits_{i=1}^{m} l[i] * b[i] + 11m$ 位的存储空间。

1. 最优子结构性质

设 $l[i], b[i], 1 \leqslant i \leqslant m$ 是 $\{p_1, p_2, \cdots, p_n\}$ 的一个最优分段。显而易见,$l[1], b[1]$ 是 $\{p_1, \cdots, p_{l[1]}\}$ 的一个最优分段,且 $l[i], b[i], 2 \leqslant i \leqslant m$ 是 $\{p_{l[1]+1}, \cdots, p_n\}$ 的一个最优分段,即图像压缩问题满足最优子结构性质。

2. 递归计算最优值

设 $s[i], 1 \leqslant i \leqslant n$ 是像素序列 $\{p_1, p_2, \cdots, p_i\}$ 的最优分段所需的存储位数。由最优子结构性质易知:

$$s[i] = \min_{1 \leqslant k \leqslant \min\{i, 256\}} \{s[i-k] + k * b\max(i-k+1, i)\} + 11$$

式中,

$$b\max(i, j) = \left| \log(\max_{i \leqslant k \leqslant j} \{p_k\} + 1) \right|$$

据此可设计解图像压缩问题的动态规划算法如下:

① 在计算机中常用像素点灰度值序列 $\{p_1, p_2, \cdots, p_n\}$ 表示图像。其中整数 $p_i, 1 \leqslant i \leqslant n$,表示像素点 i 的灰度值。通常灰度值的范围是 $0 \sim 255$。因此,需要用 8 位表示一个像素。

· 136 ·

```
void Compress(int n,int p[],int s[],int l[],int b[])
{
    int Lmax=256,header=11;
    s[0]=0;
    for(int i=1;i<=n;i++)
    {
        b[i]=length(p[i]);
        int bmax=b[i];
        s[i]=s[i-1]+bmax;
        l[i]=1;
        for(int j=2;j<=i&L&j<=Lmax;j++)
        {
            if(bmax<b[i-j+1])bmax=b[i-j+1];
            if(s[i]>s[i-j]+j*bmax)
            {
                s[i]=s[i-j]+j*bmax;
                l[i]=j;
            }
        }
        s[i]+=header;
    }
}
int length(int i)
{
    int k=1;i=i/2;
    while(i>0)
    {
        k++;i=i/2;
    }
    return k;
}
```

3. 构造最优解

算法 Compress 中用 $l[i]$、$b[i]$ 记录了最优分段所需的信息。具体算法可实现如下：

```
void Traceback(int n,int &i,int s[],int l[])
{
    if(n==0)return;
    Traceback(n-l[n],i,s,l);
    s[i++]=n-l[n];
}
void Output(int s[],int l[],int b[],int n)
{
    cout<<"The optimal value is"<<s[n]<<endl;
    int m=0;
    Traceback(n,m,s,l);
    s[m]=n;
    cout<<"Decompose int o"<<m<<"segments"<<endl;
    for(int j=1;j<=m;j++)
    {
        l[j]=l[s[j]];
        b[j]=b[s[j]];
    }
    for(int j=1;j<=m;j++)
    cout<<l[j]<<<<b[j]<<endl;
}
```

4. 计算复杂性

算法 Compress 显然只需 $O(n)$ 空间。由于算法 Compress 中 j 的循环次数不超过 256，故对每一个确定的 i，可在 $O(1)$ 时间内完成

$$\min_{1\leqslant j\leqslant \min\{i,256\}}\{s[i-j]+j*b\max(i-j,i)\}$$

的计算。因此，整个算法所需的计算时间为 $O(n)$。

5.8　电路布线

在一块电路板的上、下两端分别有 n 个接线柱。根据电路设计，要求用导线 $(i,\pi(i))$ 将上端接线柱 i 与下端接线柱 $\pi(i)$ 相连，如图 5-13 所示。[①] 其中 $\pi(i),1\leqslant i\leqslant n$ 是 $\{1,2,\cdots,n\}$ 的一个排列。导线 $(i,\pi(i))$ 称为该电路板上的第 i 条连线。对于任何 $1\leqslant i<j\leqslant n$，第 i 条连线和第 j 条连线相交的充分且必要条件是 $\pi(i)>\pi(j)$。

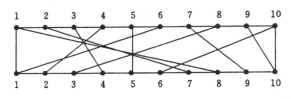

图 5-13　电路布线实例

1. 最优子结构性质

记 $N(i,j)=\{t\mid (t,\pi(t))\in \text{Nets},t\leqslant i,\pi(t)\leqslant j\}$，$N(i,j)$ 的最大不相交子集为 $\text{MNS}(i,j)$，$\text{Size}(i,j)=|\text{MNS}(i,j)|$。

---

① 　在制作电路板时，要求将这 n 条连线分布到若干绝缘层上。在同一层上的连线不相交。电路布线问题就是要确定将哪些连线安排在第一层上，使得该层上有尽可能多的连线。换句话说，该问题要求确定导线集 $\text{Nets}=\{(i,\pi(i)),1\leqslant i\leqslant n\}$ 的最大不相交子集。

当 $i=1$ 时，

$$\text{MNS}(i,j) = N(1,j) = \begin{cases} \phi & j \geqslant \pi(1) \\ \{(1,\pi(1))\} & j \geqslant \pi(1) \end{cases}$$

当 $i>1$ 时，

① $j < \pi(i)$。此时，$(i,\pi(i)) \notin N(i,j)$。故在这种情况下，$N(i,j) = N(i-1,j)$，从而，$\text{Size}(i,j) = \text{Size}(i-1,j)$。

② $j \geqslant \pi(i)$。

若 $(i,\pi(i)) \in \text{MNS}(i,j)$，则对任意 $(t,\pi(t)) \in \text{MNS}(i,j)$ 有 $t < i$ 且 $\pi(t) < \pi(i)$。否则，$(t,\pi(t))$ 与 $(i,\pi(i))$ 相交。在这种情况下，$\text{MNS}(i,j) - \{(i,\pi(i))\}$ 是 $N(i-1,\pi(i)-1)$ 的最大不相交子集。否则子集

$$\text{MNS}(i-1,\pi(i)-1) \bigcup \{(i,\pi(i))\} \subseteq N(i,j)$$

是比 $\text{MNS}(i,j)$ 更大的 $N(i,j)$ 的不相交子集。这与 $\text{MNS}(i,j)$ 的定义相矛盾。

若 $(i,\pi(i)) \notin \text{MNS}(i,j)$，则对任意 $(t,\pi(t)) \in \text{MNS}(i,j)$ 有 $t < i$。从而 $\text{MNS}(i,j) \subseteq N(i-1,j)$。因此，$\text{Size}(i,j) \leqslant \text{Size}(i-1,j)$。

$\text{MNS}(i-1,j) \subseteq N(i,j)$，故又有 $\text{Size}(i,j) \geqslant \text{Size}(i-1,j)$，从而 $\text{Size}(i,j) = \text{Size}(i-1,j)$。

综上可知，电路布线问题满足最优子结构性质。

2. 递归计算最优值

电路布线问题的最优值为 $\text{Size}(n,n)$。由该问题的最优子结构性质可知：

当 $i>1$ 时，

$$\text{Size}(i,j) = \begin{cases} 0 & j < \pi(1) \\ 1 & j \geqslant \pi(1) \end{cases}$$

当 $i>1$ 时，

$$\text{Size}(i,j) = \begin{cases} \text{Size}(i-1,j) & j < \pi(i) \\ \max\{\text{Size}(i-1,j), \text{Size}(i-1,\pi(i)-1)+1\} & j \geqslant \pi(i) \end{cases}$$

据此可设计解电路布线问题的动态规划算法如下。其中用二维数组单元 $size[i][j]$ 表示函数 $Size(i, j)$ 的值。

```
void MNS(int C[],int n,int **size)
{
    for(int j=0;j<C[1];j++)size[1][j]=0;
    for(int j=C[1];j<=n;j++)size[1][j]=1;
        for(int i=2;i<n;i++)
        {
            for(int j=0;j<C[i];j++)
            size[i][j]=size[i-1][j];
            for(int j=C[i];j<=n;j++)
            size[i][j]=max(size[i-1][j],size[i-1][C[i]-1]+1);
        }
    size[n][n]=max(size[n-1][n],size[n-1][c[n]-1]+1);
}
```

3. 构造最优解

根据算法 MNS 计算出的 $size[i][j]$ 值，容易由算法 Traceback 构造出最优解 MNS(n, n)。其中，用数组 Net$[0:m-1]$ 存储 MNS(n, n) 中的 m 条连线。

```
void Traceback(int C[],int **size,int n,int Net[],int m)
{
    int j=n;
        m=0;
    for(int i=n;i>1;i--)
    if(size[i][j]!=size[i-1][j])
    {
        Net[m++]=i;
        j=C[i]-1;
    }
    if(j>=C[1])Net[m++]=1;
}
```

4. 计算复杂性

算法 MNS 显然需要 $O(n^2)$ 计算时间和 $O(n^2)$ 空间。Traceback 需要 $O(n)$ 计算时间。

第6章　随机算法

随机化算法与现实生活息息相关,例如,人们经常会通过掷骰子来看结果,投硬币来决定行动,这就牵涉到一个问题:随机。

随机化算法看上去是凭着运气做事。其实,这种算法是有一定的理论作基础的,且很少单独使用,大多是与其他算法(如贪心法、查找算法等)配合起来运用,求解效果往往出人意料。

随机算法的特点:简单、快速、灵活和易于并行化,这些特点可以理解为在时间、空间和精度上的一种平衡。

6.1　概述

6.1.1　随机化算法的类型及特点

一般情况下,可将随机化算法大致分为如下 4 类:

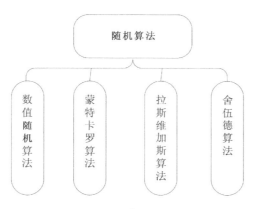

图 6-1　随机算法大致分类

1.数值随机化算法

这类算法常用于数值问题的求解，所得到的解往往都是近似解，而且近似解的精度随计算时间的增加不断提高。

使用该算法的理由是：在许多情况下，待求解的问题在原理上可能就不存在精确解，或者说精确解存在但无法在可行时间内求得，因此用数值随机化算法可得到相当满意的解。

2.蒙特卡罗算法

蒙特卡罗是摩纳哥的一个著名城市，以赌博闻名于世。为了表明该算法的上述基本特点，蒙特卡罗算法[①]象征性地借用这一城市的名称来命名。蒙特卡罗算法作为一种可行的计算方法，首先是由 Ulam（乌拉姆）和 Von Neumann（冯·诺依曼）在 20 世纪 40 年代中叶提出并加以运用，目的是解决研制核武器中的计算问题。

3.舍伍德算法

舍伍德算法[②]不会改变对应确定性算法的求解结果，每次运行都能够得到问题的解，并且所得到的解是正确的。舍伍德算法的精髓不是为了避免算法最坏情况的发生，而是降低最坏情况发生的概率。故而，舍伍德算法不改变原有算法的平均性能，只是设法保证以更高概率获得算法的平均计算性能。

4.拉斯维加斯算法

拉斯维加斯算法与蒙特卡罗算法非常类似，拉斯维加斯算

---

① 蒙特卡罗算法是计算数学中的一种计算方法，它的基本特点是以概率与统计学中的理论和方法为基础，以是否适合于在计算机上使用为重要标志。

② 当一个确定性算法在最坏情况下的计算时间复杂性与其在平均情况下的计算复杂性有较大差异时，可在这个确定性算法中引入随机性来降低最坏情况出现的概率，进而消除或减少问题好坏实例之间的这种差异，这样的随机化算法称为舍伍德算法。

法得到正确解的概率与该算法的执行时间密切相关,执行时间越长效率越高。

6.1.2　概率算法的设计思想

假设你意外地得到了一张藏宝图,但是,可能的藏宝地点有两个,要到达其中一个地点,或者从一个地点到达另一个地点都需要 5 天的时间。你需要 4 天的时间解读藏宝图,得出确切的藏宝位置,但是一旦出发后就不允许再解读藏宝图。更麻烦的是,有另外一个人知道这个藏宝地点,每天都会拿走一部分宝藏。不过,有一个小精灵可以告诉你如何解读藏宝图,它的条件是,需要支付给它相当于知道藏宝地点的那个人三天拿走的宝藏。

如何做才能得到更多的宝藏呢?

假设你得到藏宝图时剩余宝藏的总价值是 x,知道藏宝地点的那个人每天拿走宝藏的价值是 y,并 $x > 9y$,可行的方案有:

① 用 4 天的时间解读藏宝图,用 5 天的时间到达藏宝地点,可获宝藏价值 $x - 9y$。

② 接受小精灵的条件,用 5 天的时间到达藏宝地点,可获宝藏价值 $x - 5y$,但需付给小精灵宝藏价值 $3y$,最终可获宝藏价值 $x - 8y$。

③ 投掷硬币决定首先前往哪个地点,如果发现地点是错的,就前往另一个地点。这样,你就有一半的机会获得宝藏价值 $x - 5y$,另一半的机会获得宝藏价值 $x - 10y$,所以,最终可获宝藏价值概率 $x - 7.5y$。

当面临一个选择时,如果计算正确选择的时间大于随机确定一个选择的时间,那么,就应该随机选择一个。同样,当算法在执行过程中面临一个选择时,有时候随机地选择算法的执行动作可能比花费时间计算哪个是最优选择要好。随机从某种角度来说就是运气,在算法中增加这种随机性的因素,通常可以引导算法快速地求解问题,并且概率算法通常都比较简单。也比较容易理解。

例如，判断表达式 $f(x_1, x_2, \cdots, x_n)$ 是否恒等于 0。概率算法首先生成一个随机 n 元向量 $(r_1, r_2, \cdots, r_n)$，并计算 $f(r_1, r_2, \cdots, r_n)$ 的值，如果 $f(r_1, r_2, \cdots, r_n) \neq 0$，则 $f(x_1, x_2, \cdots, x_n) \neq 0$；如果 $f(r_1, r_2, \cdots, r_n) = 0$，则或者 $f(x_1, x_2, \cdots, x_n)$ 恒等于 0，或者是向量 $(r_1, r_2, \cdots, r_n)$ 比较特殊，如果这样重复几次，继续得到 $f(r_1, r_2, \cdots, r_n) = 0$ 的结果，那么就可以得出 $f(x_1, x_2, \cdots, x_n)$ 恒等于 0 的结论，并且测试的随机向量越多，这个结果出错的可能性就越小。

一般情况下，概率算法具有以下基本特征，如图 6-2 所示。

概率算法在运行过程中，包括一处或若干处随机选择，根据随机值来决定算法的运行，因此，对于相同的输入实例，概率算法的执行时间可能不同

概率算法的结果不能保证一定是正确的，但可以限定其出错概率

概率算法在不同的运行中，对于相同的输入实例可能会得到不同的结果

图 6-2   概率算法基本特征

对于确定性算法，通常分析平均情况下的时间复杂性，即算法在每个可能的输入实例上花费的平均时间。对于概率算法，通常分析在平均情况下的期望时间复杂性（expected time complexity），即在相同输入实例上反复执行概率算法的平均时间。概率算法的性能分析通常很复杂，需要了解概率以及统计的一些结论。

6.1.3   随机函数

先假设一种简单的现实需求，为提高小学生的运算速度，现需要用计算机为小学一年级的同学出 10 道加法运算题。

思考一下,这时需要什么样的数据序列呢?

① 要有范围的要求,比如 0 ~ 100 之间。

② 题目(数据)重复率要低,也就是说产生的数据序列应该均匀分布。

程序设计语言一般都提供了随机函数,也就是产生随机序列的程序。这些随机函数满足以上要求吗?我们看一下随机函数采用的数学模型,通常随机函数采用线性同余法产生随机数序列,设随机数序列为 $a_0,a_1,\cdots,a_n$,则满足:

$$\begin{cases} a_0 = d \\ a_n = (ba_{n-1} + c)\bmod m \qquad n = 1,2,\cdots \end{cases} \tag{6-1}$$

其中,$b \geqslant 0$,$c \geqslant 0$,$m > 0$,$d \leqslant m$。d 为随机序列的第一个数,称为随机数发生器的随机种子(random seed),当 b、c 和 m 的值确定后,给定一个随机种子,由式(6-1)产生的数据序列也就确定了。下面讨论这个随机函数的相关问题。

① 因为 mod 是求余运算,所以随机序列的范围为 $0 - (m-1)$。

② 由于式(6-1)的计算结果不是显而易见的,所以用它迭代计算出的数列模拟随机序列。如何选取该方法中的常数 b、c 和 m 直接关系到所产生的随机序列的随机性能(如是否均匀分布),这是随机性理论研究的内容,已超出本书讨论的范围。从直观上看,m 应取得足够大,可取 m 为极其大数,另外应取 m、b 互质,即它们的最大公约数为

$$1(\gcd(m,b) = 1)$$

最简单的情况是取 m 为一素数。

③ 若随机种子 d 的值不变,随机函数产生的是一个伪随机序列,产生的数列永远不变,不满足随机序列的第二个特点。为了克服解决这一缺陷,程序设计语言一般还提供了设置随机种子的函数(也就是给随机种子赋初值),随机种子一般设置为与时间等随时变化的数据。

例如:设 sandrand(d) 是设置随机种子的函数,其中 d 为随

机函数的随机种子。time()函数返回自格林威治时间1970年0时至现在所经过的秒数,程序设计语言提供这个函数。

使用sandrand(time())函数可以保证每次运行随机函数时得到不同的(随机的)随机序列。

④ 为便于算法理解,本书约定可用的随机函数有:

• Random(long m, long n)　　　　　//产生 m 到 n 的随机整数
• fRandom(float x, float y)　　　　//产生[x, y]之间的随机实数
• 设 X 是非空有限集,SRandom(x)　//产生的随机数 ∈ X

提示:在一个网络游戏中,利用随机函数分别实现如下两个要求:一是随机出现强度为 10 ~ 1 的装备(对应装备的成功率为 100% ~ 10%)。二是开宝箱游戏,宝箱内包含 10 种物品,稀有物品 3 种,高档物品 3 种,普通物品 4 种,用随机函数如何实现。

6.2　数值随机化算法

6.2.1　计算 π 的值

将 n 个点随机投向一个正方形,设落入此正方形内切圆(半径为 r)中的点的数目为 k,如图 6-3(a)所示。

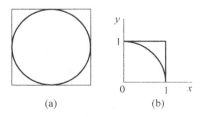

(a)　　　　(b)

图 6-3　随机投点实验估算 π 值示意图

假设所投入的点落入正方形的任一点的概率相等,则所投

入的点落入圆内的概率为

$$\frac{\pi r^2}{4 r^2} = \frac{\pi}{4}$$

当 $n \to \infty$ 时，

$$\frac{k}{n} \to \frac{\pi}{4}$$

从而

$$\pi \approx \frac{4k}{n}$$

简单起见，在具体实现时只以第一象限为样本且 r 取值为 1，建立直角坐标系，如图 6-3(b) 所示。由此，设计出使用随机投点法计算 π 值的数值随机化算法如下：

```
double Darts(int n)
{
  staric RandomNumber darts;        //定义一个RandomNumber类的对象darts
  int k= 0, i;
  double x, X;
  for(i=1;i<=n;i++)
  {
      x=darts.fRandom();            //调用类的函数fRandom产生一个[0,1)之间的实数，赋给x
      y=darts.fRandom();            //调用类的函数fRandom产生一个[0,1)之间的实数，赋给y
      if((x*x+y*y)<=1)
        k++;
  }
  return 4*k／double(n);
}
```

6.2.2　计算定积分

设 $f(x)$ 是 $[0,1]$ 上的连续函数且 $0 \leqslant f(x) \leqslant 1$，需要计算积分值

$$I = \int_0^1 f(x)\, \mathrm{d}x$$

积分 I 等于图 6-4 中的阴影区域 G 的面积。

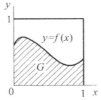

图 6-4　随机投点实验估算 I 值示意图

可采用随机投点法来计算定积分。在如图 6-4 所示的正方形内均匀地做投点实验，则随机点落在 G 内的概率 p 为：

$$p = \int_0^1 \int_0^{f(x)} \mathrm{d}y\mathrm{d}x = \int_0^1 f(x)\mathrm{d}x = I$$

假设向单位正方形内随机投入 n 个点，如果有 m 个点落入 G 内，则 I 近似等于随机点落入 G 内的概率，即

$$I \approx \frac{m}{n}$$

显然，I 的值随 n 的增加而逐渐趋于精确。

由此，可设计出计算积分 I 的数值随机化算法。

```
double Darts(int n)
{
  static RandomNumber dart;      //定义一个RandomNumber类的对象dart
  int k=0,i;
  double x,y;
  for(i=1;i<=n;i++)
  {
    x=dart.fRandom();            //调用类的函数fRandom产生一个[0,1)之间的实数，赋给x
    y=dart.fRandom();            //调用类的函数fRandom产生一个[0,1)之间的实数，赋给y
    if(y<=f(x))
        k++;
  }
  return k/double(n);
}
```

6.2.3　连续抛掷问题

连续抛掷一枚均匀的硬币三次，正好出现一次正面向上的概率是多少？

这是一道概率问题，根据概率知识不难得到问题的解：

出现一次正面共有三种情况：

① 第一次正面其余反面。

② 第二次正面其余反面。

③ 第三次正面其余反面。

每种的概率是

$$0.5(正) \times 0.5(反) \times 0.5(反) = 0.125$$

因此，概率是

$$3 \times 0.125 = 0.375 = \frac{3}{8}$$

这个结果也可以通过随机序列模拟出结果。

用随机函数产生 $0 \sim 1$ 之间的数据，用 1 代表正面，用 0 代表反面。每次产生三个数，若共实验 1000 次，统计其中满足三次中一次正面的次数，除以 1000 就是问题的解。

```
main()
{
    long total,a=0,m,i,x,y,z;
    input(total);
    for(i=1;i<=total;i=i+1)
    {
        m=0;
        x=Raildom(0,1);
        y=Raildom(0,1);
        z=Random(0,1);
        if(x=1)m=m+1;
        if(y=1)m=m+1;
        if(z=1)m=m+1;
        if(m==1)
            n=n+1;
    }
    print(1.0*n/total);
}
```

提示：参考上例完成下面的问题：

① 掷一枚不均匀硬币，正面朝上的概率为 2/3，将此硬币连掷 4 次，则恰好 3 次正面朝上的概率是多少？

② 假设有甲、乙、丙、丁四个球队。根据他们过去比赛的成绩，得出每个队与另一个队对阵时取胜的概率见表 6-1。

表 6-1　概率表

	甲	乙	丙	丁
甲		0.1	0.3	0.5
乙	0.9		0.7	0.4
丙	0.7	0.3		0.2
丁	0.5	0.6	0.8	

数据含义：甲对乙的取胜概率为 0.1，丙对乙的胜率为 0.3……

现在要举行一次锦标赛。双方抽签，分两个组比，获胜的两个队再争夺冠军。请你进行 10 万次模拟，计算出甲队夺冠的概率。

以上两个问题均可以通过概率知识计算出结果,当然也可以通过随机序列模拟出结果。其中问题 ② 需要 4 个模拟变量,分别模拟抽签结果和三场比赛的结果。

6.3 蒙特卡罗算法

6.3.1 蒙特卡罗型概率算法的设计思想

有些问题尚未找到高效的算法实现正确求解,蒙特卡罗型概率算法[①]偶尔会出错,但无论任何输入实例,总能以很高的概率找到一个正确解。换言之,蒙特卡罗型概率算法总是给出解,但是,这个解偶尔可能是不正确的,然而对于这个解的正确与否目前没有有效的方式给出。

如果想要得到的解正确率高,那么只能多次执行算法。

6.3.2 主元素问题

设 $T[1:n]$ 是一个含有 n 个元素的数组。当 $|\{i \mid [i]$ 等于 $x\}| > \frac{n}{2}$ 时,称元素 x 是数组 T 的主元素。对于给定的含有 n 个元素的数组 T,设计确定数组 T 中是否存在主元素的蒙特卡罗算法如下:

```
Template<class Type>
bool majority(Type T[],int n)      //判定主元素的蒙特卡罗算法
{
  RandomNumberrnd;
  int i=rnd.random(n)+1;           //产生1~n之间的随机下标
  Type x=T[i];                     //随机选择数组元素
  int k=0;
  for(int j=1;j<=n;j++)
    if(T[j]==x)k++;
  return(k>n/2);                   //当k>n/2时,T含有主元素
}
```

---

① 蒙特卡罗法(Monte Carlo method)是以概率和统计的理论、方法为基础的一种计算方法,将所求解的问题同一定的概率模型相联系,用电子计算机实现统计模拟或抽样,以获得问题的近似解,故又称统计模拟法或统计试验法。

由主元素的定义可知,如果 T 中含有主元素,上述蒙特卡罗算法返回 true 的概率大于 $1/2$;如果 T 中不含有主元素,则肯定返回 false。

在实际使用过程中,蒙特卡罗算法得到的解的可信度至少为 50%,这是无法让人接受的。为此,可通过重复调用该算法的方法来提高算法的可信度,使其错误概率降低到可接受的范围内。

对于任意给定的 ε,重复调用蒙特卡罗算法 $\left\lceil \dfrac{\log\varepsilon}{\log(1-p)} \right\rceil$ 次,可使得算法的可信度大于 $1-\varepsilon$,即错误概率小于 ε。

算法如下:

```
Template<class Type>
bool majorityMC(Type T[], int n,double e)
{
    int k= (int)ceil(log( ε )/log(1-p));
    for(int i=1; i<=k; i++)
        if(majority(T, n))
            return true;
    return false;
}
```

显然,算法 majorityMc 所需的计算时间是

$$O\left(n\left\lceil \frac{\log\varepsilon}{\log(1-p)} \right\rceil\right)$$

特别地,令

$$p = \frac{1}{2}$$

则计算时间为 $O(n\log(1/\varepsilon))$。

6.3.3　素数测试

素数测试:判断给定整数是否为素数。

算法设计 1:

至今没有发现素数的解析式表示方法,判定一个给定的整数是否为素数一般通过枚举算法来完成:

```
int prime(int in)
{
    for(i=2;i<=n-1;i++)
     if(n mod i==0)
        return 0;
     return 1;
}
```

算法设计 2：

简单的随机算法，随机选择一个数，若是 n 的因数，则下结论 n 不是素数；否则下结论 n 是素数。

```
prime(int n)
{
    d=Random(2,sqrt(n));        //产生2-n1/2的随机整数
    if(n mod d=0)
        return 0;
    else
        return 1;
}
```

若返回 0，则算法幸运地找到了 n 的一个非平凡因子，n 为合数，算法完全正确，因此，这是一个偏假算法。若返回 1，则未必是素数。实际上，若 n 是合数，prime 也可能以高概率返回 1。

例如：$n = 61 * 43$，$\sqrt{n} \approx 51$，prime 在 $2 \sim 51$ 内随机选一整数 d。

成功：$d = 43$，算法返回 false（概率为 2%），结果正确。

失败：$d \neq 43$，算法返回 true（概率为 98%），结果错误。

当 n 增大时，情况更差。

算法设计 3：

为了提高算法的正确率，先看以下定理及分析。

（1）Wilson 定理

对于给定的正整数 n，判定 n 是一个素数的充要条件是

$$(n-1)! \bmod n \equiv -1$$

Wilson 定理实际用于素数测试所需要计算量太大，无法有效实现对较大素数的测试。

（2）费尔马小定理

如果 n 是一个素数，a 为正整数且 $0 < a < n$，则

$$a^{n-1} \bmod \equiv 1$$

$a^{n-1} \bmod \equiv 1$ 是 n 为一个素数的必要条件。

费尔马小定理表明，如果存在一个小于 n 的正整数 a，使得

$$a^{n-1} \bmod n \neq 1$$

则 n 肯定是合数。但如果存在一个小于 n 的正整数 a，使得

$$a \bmod n = 1$$

并不能确定 n 是素数，但是 n 是素数的概率已经很高了。

（3）二次探测定理

如果 n 是一个素数，且 $0 < x < n$，则方程 $x^2 \equiv 1(\bmod n)$ 的解为 $x = 1$ 和 $n - 1$。

和费尔马小定理一样，若方程 $x^2 \equiv 1(\bmod n)$ 的解不为 $x = 1$ 和 $n - 1$ 则说明 n 一定是合数；若方程 $x^2 \equiv 1(\bmod n)$ 的解为 $x = 1$ 和 $n - 1$ 并不能说明 n 一定是素数，但 n 是素数的概率非常高。

依据费尔马小定理和二次探测定理，对随机生成的数 a，计算 $a^{n-1} \bmod n$，并同时实施对 n 的二次探测。二次探测的序列为 $a^2, (a^2 \bmod n)^2, \cdots\cdots$。这样可以更高概率地保证算法的正确性。

算法如下：

```
power(int a,int b,int n)
{
  int y=1,m=n,z=a;
  while(m>0)
  {
     while(m mod 2=0)
     {
        int x=z;
        z=z*z mod n;
        m=m/2;
        if((z=1)and(x<>1)and(x<>n-1))       //n为合数
           return i;
     }
   m--;
   y=y*z mod n;
   }
   if(y==1)return 0;                        //n高概率为素数
   return i;                                //n为合数
}
prime(unsigned int n)                       //素数测试的蒙特卡罗算法
  {
    int i,a,q=n-1;
    for(i=1;i<log(n);i++)
```

```
    {
        a=Random(2,n-1);
        if(power(a,n-1,n)
            return 0;                    //n为合数
    }
    return 1;                            //n高概率为素数
}
```

算法分析：算法 power 的时间复杂度为 $\log(n)$，算法 prime 中 $\log(n)$ 次调用算法 power，所以总的时间复杂度为 $\log^2(n)$，则关于位数 m 的时间复杂度为 $O(m^2)$。prime 是一个偏假算法，是正确率很高的蒙特卡罗算法。

6.4   舍伍德算法

分析算法在平均情况下计算复杂性时，通常假定算法的输入数据服从某一特定的概率分布。例如，如果输入数据是均匀分布，快速排序算法所需的平均时间是 $O(n\log n)$。而当其输入已"几乎"排好序的序列时，这个时间界就不再成立。此时，可以采用舍伍德算法消除或削弱算法所需计算时间与输入实例间的这种差异。

6.4.1   快速排序改进

快速排序中利用随机序列选取枢轴值，可以提高快速排序的平均效率，避免最差情况的出现。

随机快速排序算法如下：

```
void QuickSort(int r[ ], int low, int high)
{
    if(low<high)
    {
        i=Random(low,high);
        r[low]←→r[i];
        k=Partition(r,low,high);
        QuickSort(r,low,k-1);
        QuickSort(r,k+1,high);
    }
}
Partition(int a[],int left, int right)
{
    int i,j,pivot;
    if(left>=right)
```

```
    return left;
pivot=a[left];                //把最左面的元素作为分界数据(轴)
i=left+1;                     //从左至右的指针
j=right;                      //从右到左的指针
while(i)                      //把左侧>=pivot的元素与右侧<=pivot的元素进行交换
{do{                          //在左侧寻找>=pivot的元素
    i= i + 1;
}while(a[i]<pivot);
do{                           //在右侧寻找<=pivot的元素
    j=j-1;
}while(a[j]>pivot);
if(i>=j)break;                //未发现交换对象
    wap(a[i],a[j])            //交换a[i],a[j]
a[left]=a[j];                 //存储pivot
a[j]=pivot;
return j ;
}
```

随机数发生器在第 i 次随机产生的轴值记录恰好都是序列中第 i 小(或第 i 大)记录,这种情况的出现概率是微乎其微的,这样,输入记录的任何排列,都不可能出现使算法处于最坏的情况。因此,该算法的期望时间复杂度是 $O(n\log n)$。

如果一个算法无法直接利用随机序列改造成舍伍德算法,则可借助于随机预处理技术,即不改变原有的算法,仅对其输入实例进行随机排列(称为洗牌)。假设输入实例为整型,下面的随机洗牌算法可在线性时间实现对输入实例的随机排列。

6.4.2　随机洗牌算法

```
void RandomShuffle(int n, int r[])
{
    for(i=0; i<n; i++)
    {
        j=Random(0,n-i-1);
        swap(r[i],r[j]);      //交换t[i],r[j]
    }
}
```

舍伍德算法不是一定能避免算法的最坏情况发生,而是设法消除了算法的不同输入实例对算法时间性能的影响,对所有输入实例而言,舍伍德算法的运行时间相对比较均匀,其时间复杂性与原有的确定性算法在平均情况下的时间复杂性相当。

6.4.3　线性时间选择

线性时间选择的分治算法对基准元素的选择比较复杂:首先是分组,然后取每一组的中位数,再取每组中位数的中位数,最后以该中位数为基准元素对 n 个元素进行划分。根据舍伍德算法的思想,可以在基准元素的选择上引入随机性,将线性时间选择算法改造成舍伍德算法。算法描述如下:

```cpp
template<class Type>
Type select(Type a[],int left,int right,int k)
{
    RandomNumber rnd;
    if(1eft>=right)
    return a[left];
    int i=left, j=rnd.Random(right-left+1)+left;
    swap(a[i],a[j]);
    j=Partition=j-left+1;
    int count=j-left+1;
    if(count<k)
        select(a[],j+1,right,k-count);
    else
        select(a[],left, j,k);
}
```

当所给的确定性算法无法直接改造成舍伍德算法时,可以借助随机预处理技术(不改变原有的确定性算法,仅对其输入进行随机洗牌),同样可以得到舍伍德算法的效果。随机预处理算法描述如下:

```cpp
template<class Type>
void Shuffle(Type a[], int n)
{
    RandomNumber rnd;
    for(int  j=1; i<n;i++)
    {
        int j=rnd.Random(n-i)+i;
        swap(a[i],a[j])
    }
}
```

6.4.4　二叉查找树

问题:设计构造二叉查找树的舍伍德型概率算法。

思路:构造二叉查找树的过程是从空的二叉查找树开始,依次插入一个个节点。图 6-5 给出了对于集合 $\{30,20,25,35,40,15\}$ 构造二叉查找树的过程。

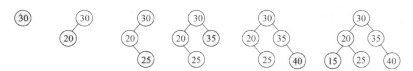

图 6-5　二叉排序树的构造过程

(a)插入 30;(b)插入 20;(c)插入 25;(d)插入 35;(e)插入 40;(f)插入 15

　　在二叉查找树的构造过程中,插入节点的次序不同,所构造的二叉查找树的形状就不同,而不同的二叉查找树可能具有不同的深度。具有 n 个节点的二叉查找树,其最大深度为 n,最小深度为 $\lfloor \log_2 n \rfloor + 1$,如图 6-6 所示。

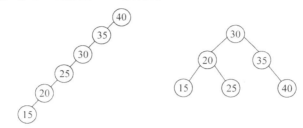

图 6-6　同一个查找集合不同插入次序对应不同的二叉查找树

(a) 深度为 n;(b) 深度为 $\lfloor \log_2 n \rfloor + 1$

　　构造二叉查找树的舍伍德型概率算法可以在插入每一个节点时,在查找集合中随机选定一个元素,并把它与待插入元素交换,也可以在执行构造算法之前调用洗牌函数 RandomShuffle,将查找集合随机排列。

　　算法实现:采用二叉链表存储二叉查找树,设 root 为指向二叉链表的根指针,下面给出采用洗牌方法的舍伍德型概率算法。

```
struct BiNode
{
    int data;                      //节点的值, 假设查找集合的元素为整型
    BiNode * lchild,*rchild;       //指向左、右子树的指针
};
void InsertBST(BiNode * root,BiNode * s)
{
    if(root==NULL)
        root=s;
    else if(s->data<root->data)
        InsertBST(root->lchild, s);
        else InsertBST(root->rchild, s);
}
BiNode * Create(int r[],  int n)
{
    int i, j;
    BiNode * s=NULL;
    for(i=0;i<n;i++)               //执行洗牌操作
    {
        j=Random(0,n-1);           //随机选择一个元素
        temp=r[i];r[i]=r[j];r[j]=temp;    //交换r[i]和r[j]
    }
    for(i=i;  i<n; i++)
    {
        s=new BiNode; s->data=r[i];
        s->lchild=s->rchild=NULL;
        InsertBST(root, s);
    }
}
```

算法分析：在二叉查找树中执行插入操作，首先要执行查找操作，在找到插入位置后，只需修改相邻指针。构造二叉查找树的舍伍德型概率算法消除了二叉查找树的深度与输入实例间的联系，对于任何的输入实例，二叉查找树的期望深度均是 $O(\log_2 n)$。在算法 Create 中，洗牌操作需要时间是 $O(n)$，插入操作需要执行 n 次，插入第 i 个节点时，查找插入位置的操作不超过二叉查找树的期望深度 $O(\log_2 i)$，因此，算法的期望时间复杂性是 $O(n\log_2 n)$。

6.5　拉斯维加斯算法

6.5.1　拉斯维加斯型概率算法的设计思想

拉斯维加斯型（Las Vegas）概率算法对同一个输入实例反复多次运行算法，直到运行成功，获得问题的解，如果运行失败，则在相同的输入实例上再次运行算法。拉斯维加斯型概率算法中的随机性选择能引导算法快速地求解问题，显著地改进算法的时间复杂性，甚至对某些迄今为止找不到有效算法的问题，也能得到满意的解。

需要强调的是，拉斯维加斯型概率算法的随机性选择有可能导致算法找不到问题的解，即算法运行一次，或者得到一个正确的解，或者无解。只要出现失败的概率不占多数，当算法运行失败时，在相同的输入实例上再次运行概率算法，就又有成功的可能。

设 $p(x)$ 是对输入实例 x 调用拉斯维加斯型概率算法获得问题的一个解的概率，则一个正确的拉斯维加斯型概率算法应该对于所有的输入实例 x 均有 $p(x) > 0$。在更强的意义下，要求存在一个正的常数 δ，使得对于所有的输入实例 x 均有 $p(x) > \delta$。由于 $p(x) > \delta$，所以，只要有足够的时间，对任何输入实例 x，拉斯维加斯型概率算法总能找到问题的一个解。换言之,拉斯维加斯型概率算法找到正确解的概率随着计算次数的增加而提高。对于求解问题的任一实例,用拉斯维加斯型概率算法反复对该实例求解足够多次,可使求解失败的概率任意小。

6.5.2　八皇后问题

问题:为八皇后问题设计拉斯维加斯型概率算法。八皇后问题是在 8×8 的棋盘上摆放八个皇后,使其不能互相攻击,即任意两个皇后都不能处于同一行、同一列或同一斜线上。

算法:设八皇后问题的可能解用向量 $X = (x_1, x_2, \cdots, x_n)$ 表示,其中,$1 \leqslant x_i \leqslant n$ 并且 $1 \leqslant i \leqslant n$,即第 i 个皇后放置在第 i 行第 x_i 列上,n 皇后问题的拉斯维加斯型概率算法用伪代码描述如下。

算法 6.1:八皇后问题的拉斯维加斯型概率算法

输入:皇后的个数 n

输出:满足约束条件解向量 X

① 将数组 x[n] 初始化为 0;试探次数 count 初始化为 0。

②for(i = 0;i < n;i = i++)

　　a. 产生一个[1,n]的随机数 j。

　　b. count = count + 1,进行第 count 次试探。

　　c. 若皇后 i 放置在位置 j 不发生冲突,则 x[i] = j;count = 0。转步骤 ② 放置下一个皇后。

　　d. 若(count == n),则无法放置皇后 i,算法运行失败,结束算法。否则,转步骤 a. 重新放置皇后 i;

③ 将元素 X[O] ～ x[n−1] 作为八皇后问题的一个解输出。

算法分析:如果将上述随机放置策略与回溯法相结合,则会获得更好的效果。可以先在棋盘的若干行中随机地放置相容的皇后,其他皇后用回溯法继续放置,直至找到一个解或宣告失败。在棋盘中随机放置的皇后越多,回溯法搜索所需的时间就越少,但失败的概率也就越大。例如,八皇后问题。实验表明,随机地放置两个皇后再采用回溯法比完全采用回溯法快大约两倍；随机地放置三个皇后再采用回溯法比完全采用回溯法快大约一倍；而所有的皇后都随机放置比完全采用回溯法慢大约一倍。很容易解释这个现象：不能忽略产生随机数所需的时间，当随机放置所有的皇后时，八皇后问题的求解大约有 70% 的时间都用存在产生随机数上。

算法实现：设数组 $x[n]$ 表示皇后的列位置，其中 $x[i]$ 表示皇后 i 摆放在 $x[i]$ 的位置，为避免在函数之间传递参数，将 $x[n]$ 设为全局变量。求解 n 皇后问题的拉斯维加斯型概率算法用 C＋＋语言描述如下。

```cpp
void Queue(int n)                          //求解n皇后问题
{
    int i,j,count=0;
    for(i=0;i<n;)
    {
        j=Random(1,n);                     //皇后的列位置是1~n
        x[i]j;count++;
        if(!Place(x,i))                    //若不发生冲突，摆放下一个
        {
            count=0;
            i++;
        }
        else if(count==n)                  //无法摆放皇后i
        {
            cout<<"本次运行失败"<<endl;
            break;
        }
    }
    for(i=c;i<n; i++)                       //输出各皇后的位置
        cout<<x[i]<<" ";
}
int Place(int x[],int k)                   //考察皇后k放置在x[k]列是否发生冲突
{
    for(int i=0;i<k; i++)
        if(x[i]==x[k]||abs(i-k)==abs(x[i]-x[k]))   //检测约束条件
            return 1;                      //冲突，返回1
    return 0;                              //不冲突，返回0
}
```

6.5.3　整数因子划分问题

问题：如果 n 是一个合数，则 n 必有一个非平凡因子 m（即 $m \neq 1$ 且 $m \neq n$），使得 m 可以整除 n。给定一个合数 n，求 n 的一个非平凡因子的问题称为整数因子划分问题（integer factor partition problem）。

思路:对一个正整数 n 进行因子划分的最自然的想法是试除,即 m 从 $2\sim\sqrt{n}$ 依次试除,如果 $n\bmod m=0$,则 n 可以划分为 m 和 n/m;如果余数均不为 0,则 n 是一个素数。显然,这个算法的时间复杂性是 $O(\sqrt{n})$。

求解整数因子划分问题的拉斯维加斯型概率算法基于下面这个定理。

定理 6.1　设 n 是一个合整数,a、b 是在 1 和 $n-1$ 之间且满足 $a+b\neq n$ 的两个不同的整数,如果 $a^2\bmod n=b^2\bmod n$,则 $a+b$ 和 n 的最大公约数是 n 的一个非平凡因子。

以 $n=18$ 为例,取 $a=9,b=3,a+b=12,12$ 和 18 的最大公约数是 6,则 6 是 18 的一个非平凡因子。

算法实现:计算 $a+b$ 与 n 的最大公约数可以采用欧几里得算法,整数因子划分问题的拉斯维加斯型概率算法用 C＋＋ 语言描述如下。

```
int Pollard(int n)
{
  int a,b,c,d;
  a=Random(1,n-1);            //a为[1,n-1]区间的随机整数
  b=(a*a)%n;
  while(b<n*n)
  {
    c=(int)sqrt(b);
    if(c*c!=b*b)b=b+n;        //求相应的b，满足b是一个完全平方数
  }
  if(b==n*n) return 0;        //本次算法执行失败
  else d=CommFactor(a+b,n);   //调用欧几里得算法求最大公约数
  if(d>1)return d;            //若d为n的非平凡因子
  else return 0;             //本次算法执行失败
}
```

算法分析:在执行成功的情况下,算法 Pollard 中的 while 循环最多执行 n 次,会得到 n 的一个非平凡因子 d;在执行失败的情况下,算法 Pollard 中的 while 循环执行 d 次,没有找到合适的整数 b 结束算法,故算法 Pollard 可在 $O(n)$ 的时间内找到 n 的一个非平凡因子。以上分析的是最坏情况下的时间性能,实验表明,算法 Pollard 通常可以在较快的时间找到整数 n 的一个非平凡因子。

第7章　图的搜索算法

搜索算法是利用计算机的高性能来有目的地枚举一个问题的部分或所有可能情况,从而找出问题的解。搜索过程实际上是根据初始条件和扩展规则,构造一棵解答树并在其上寻找符合目标状态节点的过程。

7.1　深度优先

7.1.1　算法框架

1.深度优先搜索的思想

给定图 $G = (V, E)$。深度优先搜索的思想为:初始时,所有顶点均未被访问过,任选一个顶点 v 作为源点。该方法先访问源点 v,并将其标记为已访问过;然后从 v 出发,选择 v 的下一个邻接点(子节点)w,如果 w 已访问过,则选择 w 的另外一个邻接点;如果 w 未被访问过,则以 w 为新的出发点,继续进行深度优先搜索;如果 w 及其子节点均已搜索完毕,则返回到 v,再选择它的另外一个未曾访问过的邻接点继续搜索,直到图中所有和源点有路径相通的顶点均已访问过为止;若此时图 G 中仍然存在未被访问过的顶点,则另选一个尚未访问过的顶点作为新的源点重复上述过程,直到图中所有顶点均被访问过为止。

2.算法框架

从深度优先搜索定义可以看出算法是递归定义的,用递归算法实现时,将节点作为参数,这样参数栈就能存储现有的活节点。当然若是用非递归算法,则需要自己建立并管理栈空间。

同样用"输出节点值"抽象地表示实际问题中的相应操作。

(1)邻接表存储图的搜索算法

```
int visited[n];              //n为结点个数, 数组元素的初值均置为0
graph head[100];             //graph为邻接表存储类型
dfs(int k)                   //head图的顶点数组
{edgenode*ptr;               //ptr图的边表指针
 visited[k]=1;
 print("访问",k);
 ptr=head[k].firstedge;      //顶点的第一个邻接点
 while(ptr<>NULL)            //遍历至链表尾
     {if(visited[ptr->vertex]=0)
       dfs(ptr->vertex);     //递归遍历
 ptr=ptr->nextnode;          //下一个顶点)
     }
}
```

(2)邻接矩阵存储图的搜索算法

```
int visited[n];                //n为结点个数, 数组元素的初值均置为0
int g[n][n];
dfsm(int k)
   {
    int j;
    print("访问",k);
    visited[k]=1;
    for(j=1;j<=n;j=j+1)        //依次搜索vk的邻接点
      if(g[k][j]=1.and visited[j]=0)
        dfsm(j);              //(vk, vj)∈ E, 且vj未访问过, 故vj为新出发点
   }
```

7.1.2　深度优先搜索的应用

例 7.1　有如图 7-1 所示的七巧板,试设计算法,使用至多 4 种不同颜色对七巧板进行涂色(每块涂一种颜色),要求相邻区域的颜色互不相同,打印输出所有可能的涂色方案。

问题分析:本题实际上是一个简化的"4 色地图"问题,无论地图多么复杂,只需用 4 种颜色就可以将相邻区域区分开。

为了让算法能识别不同区域间的相邻关系,把七巧板上每一个区域看成一个顶点,若两个区域相邻,则相应的顶点间用一条边相连,这样就将七巧板转化为图,于是该问题就是一个图的搜索问题了。数据采用邻接矩阵存储如下(顶点编号如图 7-1 所示)。

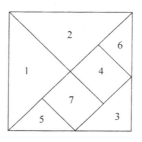

图 7-1 七巧板

0 1 0 0 1 0 1

1 0 0 1 0 1 0

0 0 0 0 1 0 1

0 1 1 0 0 1 1

1 0 0 0 0 0 1

0 1 0 1 0 0 0

1 0 1 1 1 0 0

算法设计:按顺序分别对 1 号,2 号,…,7 号区域进行试探性涂色,用 1,2,3,4 号代表 4 种颜色。则涂色过程如下:

① 对某一区域涂上与其相邻区域不同的颜色。

② 若使用 4 种颜色进行涂色均不能满足要求,则回溯一步,更改前一区域的颜色。

③ 转步骤 ① 继续涂色,直到全部区域均已涂色为止,输出结果。

算法如下:

```
int data[7][7],n,color[7],total;    //下标从1开始
main()
 {int i,j;
  for(i=1; i<=7; i=i+1)
     for(j=1; j<=7;j=j+1)
        input(data[i][j]);
  for(j=1;j<=7;j=j+1)
     color[j]=0;
  total=0;
    try(1);
    print("换行符, Total=",total);
 }
```

```
try(int s)
  {int i;
   if(s>7)
     output();
   else
     for(i=1;i<=4; i=i+1)
     {color[s]=i;
        if(colorsame(s)=0)
          try(s+1);
     }
  }
colorsame(int s)                          //判断相邻点是否同色
  {int i,flag;
   flag=0;
   for(i=1j; i<=s-1; i=i+1)
     if(data[i][s]=1 and color[i]=color[s])
       flag=1;
   return(flag);
  }

output()
{int i;
print("换行符,serial number: ",total);
for(i=1;i<=n;i=i+1)
     {print(color[i]);color[i]=0;}
total=total+1;
}
```

例 7.2　网络安全相关的概念。

假设有两个通信网,如图 7-2 和图 7-3 所示。图中节点代表通信站,边代表通信线路。这两个图虽然都是无向连通图,但它们所代表通信网的安全程度却截然不同。在图 7-2 所代表通信网中,如果节点 2 代表的通信站发生故障,除它本身不能与任何通信站联系外,还会导致 1,3,4,9,10 号通信站与 5,6,7,8 号通信站之间的通信中断。节点 3 和节点 5 代表的通信站,若出故障也会发生类似的情况。而图 7-3 所示的通信网则不然,不管哪一个站点(仅一个)发生故障,其余站点之间仍可以正常通信。

出现以上差异的原因在于,这两个图的连通程度不同。图 7-2 是一个含有称之为割点 2,3,5 的连通图,而图 7-3 是不含割点的连通图。在一个无向连通图 G 中,当且仅当删去 G 中的顶点 v 及所有依附于 v 的边后,可将图分割成两个以上的连通分量,则称 v 为图 G 的割点。将图 7-2 的节点 2 和与之相连的所有边删去后留下两个彼此不连通的非空分图,如图 7-4 所示,则节点 2 就是割点。

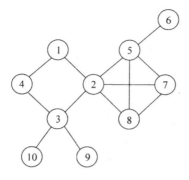
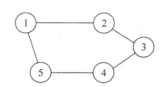

图 7-2　一个连通图　　　　图 7-3　不含割点的连通图

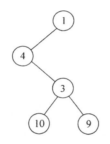
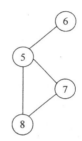

图 7-4　图 7-2 删去割点 2 的结果

图 7-5(a) 和 (b) 显示了图 7-2 所示的深度优先生成树。图中，每个节点的外面都有一个数，它表示按深度优先检索算法访问这个节点的次序，这个数叫做该节点的深度优先数（DFN）。例如，$DFN(1)=1$，$DFN(4)=2$，$DFN(8)=10$ 等。图 7-5(b) 中的实线边构成这个深度优先生成树，这些边是递归遍历顶点的路径，叫做树边，虚线边为回边。若对图 Graph $=(V,\{Edge\})$ 重新定义遍历时的访问数组 Visited 为 DFN，并引入一个新的数组 L，则由一次深度优先遍历便可求得连通图中存在的所有割点。

定义：

$$L[u]=\text{Min}\left\{DFN[u],L[w]DFN[k]\left|\begin{array}{l}w\text{ 是 }u\text{ 在 }DFS\text{ 生成树上的孩子节点；}\\k\text{ 是 }u\text{ 在 }DFS\text{ 生成树上由回边联结的祖先节点；}\\(u,w)\in\text{ 实边；}\\(u,k)\in\text{ 虚边；}\end{array}\right.\right.$$

显然,$L[u]$是节点 u 通过一条子孙路径且至多关联一条回边,所可能到达的最低深度优先数。对于图 7-5(b) 所示的生成树,各节点的最低深度优先数是:

$$L[1:10] = \langle 1,1,1,1,6,8,6,6,5,4 \rangle$$

由此,节点 3 是割点,因为它的儿子节点 10 有 $L[10] = 4 > DFN[3] = 3$。同理,节点 2、5 也是割点。

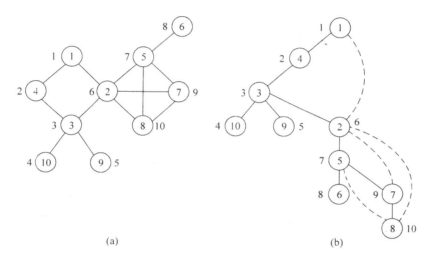

图 7-5　树图

按后根次序访问深度优先生成树的节点,可以很容易地算出 $L[u]$。于是,为了确定图 G 的割点,必须既完成对 G 的深度优先检索,产生 G 的深度优先生成树 T,又要按后根次序访问树 T 的节点。设计计算 DFN 和 L 的算法 TRY,在图搜索的过程中将两件工作同时完成。

由于计算 $L[u]$ 与 u 节点的父或子节点有关,所以不同于一般深度优先图搜索的函数,这里 TRY 函数有两个参数,一个是深度优先搜索起点节点 u,另一个是它的父亲 v。设置数组 DFN 为全局量,并将其初始化为 0,表示节点还未曾搜索过。用变量 num 记录当前节点的深度优先数,也设置为全局变量,被初始化为 1。变量 w 是 G 的节点数。

算法如下:

```
int DFN[1 0 0]={0},L[1 0 0],num=1,n;
TRY(int u,int v)
{DFN[u]=num;
    L[u]=num;
    num=num+i;
    while(每个邻接于u的节点w)
        if(DFN[w]=0)
        {TRY(w,u);
         if(L[u]>L[w])
             L[u]=L[w];
        }
        else if(w<>U)
         if(L[u]>DFN[w])
             L[u]=DFN[w];
}
```

为了确定使非重连通图转化为重连通图,必然需要增加边集,去除图中割点。一般方法是找出图 G 的最大重连通子图。$G' = (V', E')$ 是 G 的最大重连通子图,指的是 G 中再没有这样的重连通子图 $G'' = (V'', E'')$ 存在,使得 $V' \subset V''$ 且 $E' \subset E'$。最大重连通子图称为重连通分图。图 7-3 所示的只有一个重连通分图,即这个图的本身。图 7-2 所示的重连通分图在图 7-6 中列出。

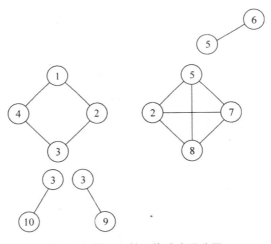

图 7-6   图 7-2 所示的重连通分图

两个重连通分图至多有一个公共节点,且这个节点就是割点。因而可以推出任何一条边不可能同时出现在两个不同的重连通分图中(因为这需要两个公共节点)。选取两个重连通分图中不同的节点连接为边,则生成的新图为重连通的。多个重连通分图的情况依此类推。

使用这个方法将图 7-2 变成重连通图,需要对应于割点 3 增加边(4,10)和(10,9);对应割点 2 增加边(1,5);对应割点 5 增加(6,7),结果如图 7-7 所示。

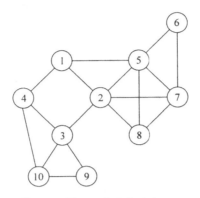

图 7-7　图 7-2 改进为重连通图

7.2　宽度优先

7.2.1　宽度优先搜索的思想

给定图 $G = (V, E)$,它的初始状态是所有顶点均未被访问过,在图 G 中任选一个顶点 v 作为源点,则宽度优先搜索的思想为:先访问顶点 v,并将其标记为已访问过;然后从 v 出发,依次访问 v 的邻接点(孩子节点)$w_1, w_2, \cdots, w_t$,如果 $w_i (i = 1, 2, \cdots, t)$ 未访问过,则标记 w_i 为已访问过,将其插入到队列中;然后再依次从队列中取出 $w_1, w_2, \cdots, w_t$,访问它们的邻接点。依次类推,直到图中所有和源点 v 有路径相通的顶点均已访问过为止;若此时图 G 中仍然存在未被访问过的顶点,则另选一个尚未访问过的顶点作为新的源点。重复上述过程,直到图中所有顶点均已访问过为止。

例 7.3　给定一个有向图,如图 7-8 所示,给出宽度优先搜索的一个序列。

（1）问题分析

根据宽度优先搜索的思想，初始状态是所有顶点均未被访问过，需要任选一个顶点作为源点，搜索过程中需要判断源点的邻接点是否被访问过，然后根据判断结果做不同的处理，目标状态为全部顶点已被访问过。为此，用一个标识数组 Visited[] 标记图中的顶点是否被访问过，初始 Visited[] 的值全部为 0。若某顶点已访问过，则将数组 Visited[] 中的对应元素由 0 改为 1。

（2）搜索过程

假定选择顶点 1 为源点，Visited[1] = 1，输出顶点 1，依次访问它的三个邻接点 2、3、4，它们均未被访问过，将其输出，标记 Visited[2 ~ 4] = 1，并插入到队列中；从队列中取出顶点 2，它的邻接点 5 未被访问过，将其输出，标记 Visited[5] = 1，并将顶点 5 插入到队列中；依次取出队列中的顶点，顶点 3 没有邻接点，顶点 4 的两个邻接点已访问过，顶点 5 没有邻接点。此时队列为空，图 7-8 中与顶点 1 相连通的顶点已访问完毕。再选择顶点 7 为源点，重复上述过程。搜索顺序如图 7-9 所示，图中虚线上的数据表示访问的次序。

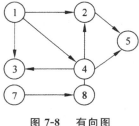

图 7-8　有向图

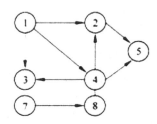

图 7-9　搜索顺序

例 7.4　给定一个无向图，如图 7-10 所示，给出宽度优先搜索的一个序列。

搜索过程如下：假定选择顶点 1 为源点，Visited[1] = 1，输出顶点 1，依次访问它的两个邻接点 2、4，它们均未被访问过，将其输出，标记 Visited[2] = 1，Visited[4] = 1，并插入到队列中；从队

列中取出顶点 2，它的邻接点 5 未被访问过，将其输出，标记
Visited[5] = 1，并将 5 插入到队列中；从队列中取出顶点 4，它的
邻接点 3 和 7 未被访问过，将其输出，标记 Visited[3] = 1，
Visited[7] = 1，并将顶点 3 和 7 插入到队列中；依次取出队列中的
顶点 5 和顶点 3，顶点 5 的邻接点已访问过，顶点 7 的邻接点 6 未被
访问过，标记 Visited[6] = 1，并将顶点 6 插入到队列中。取出队列中
的顶点 6，它的邻接点已访问过，此时，队列为空，搜索结束。搜索顺
序如图 7-11 所示。（注：图中虚线上的数据表示访问的次序。）

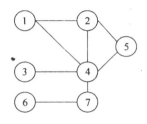

图 7-10　　无向图

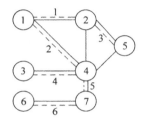

图 7-11　　搜索顺序

7.2.2　宽度优先搜索算法描述

```
bool Visited[n+1];              //标记图中顶点有未被访问过
for(int i=1;i<=n;i++)
    Visited[i]=0;               //用0表示顶点未被访问过
void  BFSVO(int v0)             //从v0开始广度优先搜索所在的连通子图
 {int w;
  visit(v0);Visited[v0]=1;
  InitQueue(&Q);                //初始化空队
  InsertQueue(&Q,v0);           //v0进队
  while(!Empty(Q))
    {
     DeleteQueue(&Q,&v);        //队头元素出队
     for(int i=1;i<=n;i++)      //依次访问v的邻接点
       {
        if(g[v][i]!=0)  w=i;    //g表示图的邻接矩阵
        if(!Visited(w))
        {visit(w);Visited[w]=1;InsertQueue(&Q,w);}
       }
    }
 }
BFS()                           //宽度优先搜索整个图G
  {
   for(int i=1;i<=n;i++)
   if(Visited[i]==0)
       BFSVO(i);
  }
```

7.3 回溯法

7.3.1 回溯法的算法框架及思想

1.算法思想

许多计算问题的解往往可以表示为一个 n 元组 $[x_1,x_2,\cdots,x_n]$，其中第 i 个分量的值域 D_i 由问题的约束条件给定（一般情况下，$2 \leqslant |D_i| < +\infty$）。笛卡儿乘积空间 $\prod\limits_{i=1}^{n} D_i$ 即为问题的搜索空间（也称为解空间），其大小为 $\Omega(2^n)$。确定问题搜索空间的条件 $x_i \in D_i$ 称为问题的显式约束。注意，显式约束的个数 n 既可以是固定值，也可以是变值。判定 n 元组 $[x_1,x_2,\cdots,x_n]$ 是否为计算问题的解的约束 $P(x_1,x_2,\cdots,x_n)$ 称为问题的隐式约束。

回溯法是一种搜索方法。用回溯法解决问题时，首先应明确搜索范围，即问题所有可能解组成的范围。这个范围越小越好，且至少包含问题的一个（最优）解。

计算问题的求解即是在问题的解空间中找出满足隐式条件的 n 元组 $[x_1,x_2,\cdots,x_n]$。这一过程可以通过逐步考虑对 n 元组的各个分量进行赋值来完成，进而将问题的解空间表示成一棵树。根节点对应 $[-,\cdots,-]$，表示 n 元组的任意分量均未被赋值。$\forall x_1 \in D_1$，对应根节点的一个子节点 $[x_1-,\cdots,-]$；一般地，第 k 层的每个节点 $[x_1,\cdots,x_k,-\cdots,-]$ 的前 k 个分量已经赋值，则 $\forall x_{k+1} \in D_{k+1}$ 对应节点 $[x_1,\cdots,x_k,-\cdots,-]$ 的一个孩子节点 $[x_1,\cdots,x_k,x_{k+1},-\cdots,-]$。这样，搜索空间中的每个 n 元组 $[x_1,x_2,\cdots,x_n]$ 与树中的一个叶节点对应。

例 7.5　n- 皇后问题要求在 $n \times n$ 的国际象棋棋盘上放置 n 个皇后,使得它们不能互相攻击,即任意两个皇后不能处于同一行或同一列,也不能处于同一条对角线上。图 7-12 给出了 8- 皇后问题的一个解。n- 皇后问题的定义表明,棋盘的每行每列恰需放置一个皇后。因此,类似于图 7-12 所示,将 $n \times n$ 棋盘的各行各列依次编号,则 n- 皇后问题的解可以表示为 n 元组 $[x_1, x_2, \cdots, x_n]$,其中 x_i 表明第 i 行放置的皇后位于第 x_i 列(图 7-12 的解可以表示为 $< 4, 6, 8, 2, 7, 1, 3, 5 >$)。于是,问题的显式约束为:$1 \leqslant x_i \leqslant n$ 对所有 $1 \leqslant i \leqslant n$ 成立。问题的隐式约束要求 $[x_1, x_2, \cdots, x_n]$ 是问题的一个解,即 $x_1, x_2, \cdots, x_n$ 是 $\langle 1, 2, \cdots, n \rangle$ 的排列,且 (i, x_i) 与 (j, x_j) 不位于相同的对角线上 $(|i - j| \neq |x_i - x_j|)$ 对任意 $i \neq j$ 成立。搜索树的根节点为 $[-, \cdots, -]$;任意 $1 \leqslant x_1 \leqslant n$ 对应根节点的一个孩子节点 $[x_1 -, \cdots, -]$;一般地,节点 $[x_1, \cdots, x_k, x_{k+1}, - \cdots, -]$ 是节点 $[x_1, \cdots, x_k, - \cdots, -]$ 的孩子当且仅当 $x_{k+1} \notin \{x_1, \cdots, x_k\}$。节点 $[x_1, \cdots, x_k, - \cdots, -]$ 的判定函数 $B(x_1, \cdots, x_k)$ 用于判定第 k 行放置于第 x_k 列的皇后能否被前 $k - 1$ 行放置的皇后攻击(即 $|k - i| = |x_k - x_i|$ 是否对某个 $1 \leqslant i \leqslant k$ 成立)。如果 $B(x_1, \cdots, x_k)$ 返回真,则 $[x_1, \cdots, x_k, - \cdots, -]$ 是死节点。图 7-13 给出了 4- 皇后问题的搜索过程。

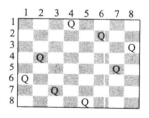

图 7-12　n- 皇后问题

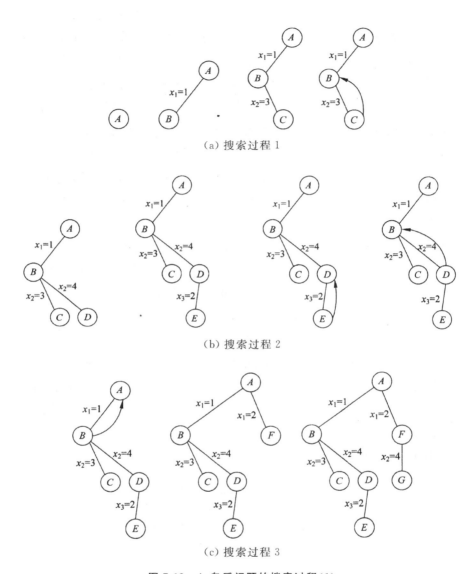

（a）搜索过程 1

（b）搜索过程 2

（c）搜索过程 3

图 7-13　4- 皇后问题的搜索过程（1）

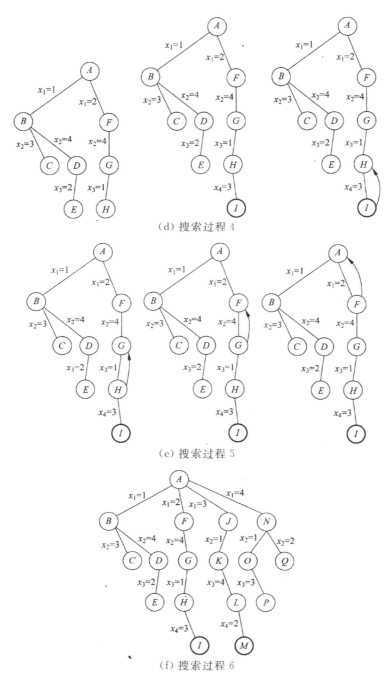

（d）搜索过程 4

（e）搜索过程 5

（f）搜索过程 6

图 7-13　4- 皇后问题的搜索过程（2）

用回溯法求 4- 皇后问题,用栈来实现解空间树的深度优先搜索,x[] 用来存放列值,即解向量的各分量取值,Place(int row,int col) 函数用于检测在 row 行 col 列放置一个新的皇后后是否与之前已放置的皇后发生冲突。Queue( ) 为求 n- 皇后问题的函数,具体实现如下。

```
bool Place(int row,int col)
{
    for(int j=1;j<row;j++)
        if(x[j]==col || abs(row-j)==abs(col-x[j]))
            return false;
    return true;
}
void Queue(int n)
{
 int top=0;
 for(i=0;i<n;i++)                       //初始化解向量x的各个分量xi
     x[i]=0;
 stackNode[top]=0;                      //根节点入栈，构造由根节点组成的一元栈
 stackLevel[top]=0;
 while(top>=0)                          //栈不为空则循环
 {
     level=stackLevel[top];             //层级出栈
     x[level]=stackNode[top];           //节点出栈
     top--;
     if(level==n)                       //栈顶元素是问题的最终解吗
     {
         for(i=1;i<=n;i++)
             输出x[i];                   //打印输出问题的解
         return;                        //若此行注释掉，可打印出问题的所有可行解
     }
     else                               //有满足约束的后代，后代增加到该栈
                                        //若没有，程序转到while循环的第一行，栈的下一个元素出栈，引起回溯

     {
       for(j=4;j>0;j--)          //子节点逆序入栈
       {
           if(Place(level+1,j))
           {                     //只有满足约束条件的孩子节点才入栈
               top++;
               stackLevel[top]=level+1;
               stackNode[top]=j;
           }
       }
     }
 }
}
```

2. 算法框架

(1) 问题框架

设问题的解是一个 n 维向量 $(a_1,a_2,\cdots,a_n)$,约束条件是 $a_i(i=1,2,3,\cdots,n)$ 之间满足某种条件,记为 $f(a_i)$。

（2）非递归回溯框架

```
int a[n],i;                        //初始化数组a[];
i=1;
While(i>0(有路可走))and([未达到目标])    //还未回溯到头
  {if(i>n)                         //搜索到叶节点
      搜索到一个解,输出;
  else                             //正在处理第i个元素
  {a[i]第一个可能的值;
      while(a[i]在不满足约束条件    且    在搜索空间内)
          a[i]下一个可能的值;
      if(a[i]在搜索空间内)
          {标识占用的资源;
          i=i+1;}                  //扩展下一个节点
      else
          {清理所占的状态空间;       //回溯
          i=i-1;}
  }
}
```

（3）递归算法框架

回溯法是对解空间的深度优先搜索,在一般情况下用递归函数来实现回溯法比较简单,其中 i 为搜索深度。框架如下:

```
int a[n];
try(int i)
{if(i>n)
    输出结果;
else
    for(j=下界;j<=上界;j=j+1)    //枚举i所有可能的路径
        if(f(j))                //满足限界函数和约束条件
            {a[i]=j;
            ...                 //其他操作
            try(i+1);
            回溯前的清理工作(如a[i]置空值等);
            }
}
```

7.3.2　哈密顿回路

1.问题描述

1859 年哈密顿发明了一种游戏,并作为一个玩具以 25 个金币卖给了一个玩具商。这个玩具是用 12 个正五边形做成的一个正 12 面体,这个 12 面体共有 20 个顶点,并以世界上 20 个著名的城市命名,游戏者沿着这个 12 面体的棱,走遍每个城市一次且仅一次,最后回到出发点。他把这个游戏称为"周游世界"游戏。图 7-14 是这个正十二面体的展开图,按照图中的顶点编号顺序向前走,显然会成功。

更一般的说法,对于一个给定的无向图,可以选择从任意顶点出发,如果存在一条路径,经过图中的每一个顶点,并且每个顶点只访问一次,最终回到最初的位置。我们就说这个图中存在哈密顿回路。例如,在无向图 7-15 中一条哈密顿回路为 $0 \to 1 \to 2 \to 4 \to 3 \to 0$。

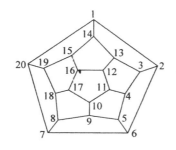

图 7-14　十二面体中的哈密顿回路

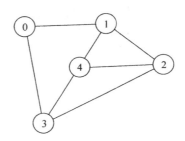

图 7-15　一个无向图

2.算法分析

用向量 $(x_1, x_2, \cdots, x_n)$ 表示回溯法的一组解,x_i 在此表示一个可能的回路上经历的第 i 个顶点的顶点名称(或顶点编号)。初始时,x_i 可以从 n 个顶点中任取一个。但为了避免打印出 n 个相同的圈,规定 $x_1 = 0$,即以顶点 0 为起点是无妨的。假定已经选定了 $(x_1, x_2, \cdots, x_{k-1})$,下一步的工作是怎样从可能的顶点集中选取 x_k。x_k 可以取不同 $x_1, x_2, \cdots, x_{k-1}$ 且有一条边与 x_{k-1} 相连的任何顶点之一。如果 $k = n$,那么 x_k 只能取不同于 x_1,$x_2, \cdots, x_{k-1}$ 且有一条边与 x_{k-1} 相连的顶点,当然 x_k 还必须是与 x_1 相连的顶点。

问题的描述类似于排列问题,以无向图图 7-15 为例,其对应的解空间树如图 7-16 所示。

根据回溯法的算法思想,开始搜索解空间树。将 x_1 置为 0,表示哈密顿回路从顶点 0 开始。然后将 x_2 置为 1,表示到达节点 1,构成哈密顿回路的部分解 $(0,1)$,然后依次将 x_3 置为 2,x_4 置为 3,x_5 置为 4,最终到达叶子节点 4,构成哈密顿回路的一个可能解 $(0,1,2,3,4)$。但是,在图 7-16 中从顶点 4 到顶点 0 没有边,因此,此解不是问题的可行解,引起回溯。将 x_4 置为 4,x_5 置为

3；到达叶子节点 3，构成哈密顿回路的一个可能解 $(0,1,2,3,$ $4)$。而在图 7-16 中从顶点 3 到顶点 0 存在边，所以，找到了一条哈密顿回路 $(0,1,2,4,3,0)$，搜索过程结束。在解空间树中的搜索过程如图 7-17 所示。

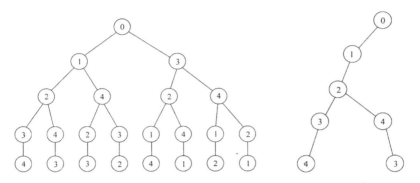

图 7-16　哈密顿回路的解空间树　　　图 7-17　哈密顿回路的搜索空间

3.算法实现

用栈来实现解空间树的深度优先搜索，图采用邻接矩阵存储，即用数组 $c[n][n]$ 存储图中的边值，$x[]$ 用来存放回路中的各顶点，即解向量的各分量取值，contain（）函数表示当前回路中是否已包含顶点 node，算法如下。

```
//该算法只要找到满足条件的一个解即结束
bool Contain(int x[],int k,int node)
{
    bool flag=false;
    for(int i=0;i<=k;i++)
    {
        if(x[i]==node)
        {
            flag=true;
            break;
        }
    }
    return flag;
}
void Hamiton(int n,int x[],int c[N][N])
{
    int top=0;
    int start=0;                        //从顶点0出发
    for(i=0;i<n;i++)                     //初始化解向量x的各个分量xi
        x[i]=-1;
    stackNode[top]=start;
    stackLevel[top]=0;
    while(top>=0)
    {
        level=stackLevel[top];          //层次出栈
        x[level]=stackNode[top];        //节点出栈
        top--;
        if(level+1==n&&c[x[level]][start]==1)   //栈顶元素是问题的最终解吗
        {
```

```
      for(i=0;i<n;i++)
         输出x[i];                          //打印输出问题的解
      输出x[0];
      return;
   }

   else                                    //有满足约束的后代,后代增加到该栈,若没有,程序
                                           //转到while循环的第一行,栈的下一个元素出栈,
                                           //引起回溯
   {
      for(j=4;j>=0;j--)                     //子节点逆序入栈
      {                                     //只有满足约束条件的孩子节点才入栈
         if((!Contain(x,level,j))&&c[x[level]][j]==1)
         {
            top++;
            stackLevel[top]=level+1;
            stackNode[top]=j;
         }
      }
   }
}
```

7.3.3　排列组合问题

找出从自然数 $1,2,\cdots,n$ 中任取 r 个数的所有组合。采用回溯法找问题的解,将找到的组合以从小到大顺序存于 $a[0]$,$a[1],\cdots a[r-1]$ 中,组合的元素满足以下性质:

①$a[i+1]>a[i]$,后一个数字比前一个大。

②$a[i]-i\leqslant n-r+1$。

首先放弃组合数个数为 r 的条件,候选组合从只有一个数字 1 开始。因该候选解满足除问题规模之外的全部条件,扩大其规模,并使其满足上述条件 ①,候选组合改为 1,2。继续这一过程,得到候选组合 1,2,3。该候选解满足包括问题规模在内的全部条件,所以是一个解。在该解的基础上,选下一个候选解,因 $a[2]$ 上的 3 调整为 4,以及以后调整为 5 都满足问题的全部要求,得到解 1,2,4 和 1,2,5。由于对 5 不能再作调整,就要从 $a[2]$ 回溯到 $a[1]$,这时,$a[1]=2$,可以调整为 3,并向前试探,得到解 1,3,4。重复上述向前试探和向后回溯,直至要从 $a[0]$ 再回溯时,说明已经找完问题的全部解。找出从自然数 $1,2,\cdots,n$ 中任取 r 个数的所有排列。

代码如下:

```c
#include<stdio.h>
#include<string.h>
#include<stdlib.h>
int combine(char a[],int n,int m)
{
  int index,i,*q;
  q=(int*)malloc(sizeof(int)*m);
  if(q==NULL)
     return 0;
  index=0;
  q[index]=0;
  while(1)
  {
     if(q[index]>=n)
     {
        if(index==0)break;
        index--;
        q[index]++;
     }
     else if(index==m-1)
     {
        for(i=0;i<m;i++)
          printf("%c", a[q[i]]);
        printf("\n");
        q[index]++;
     }
     else
        index++;
        q[index]=q[index-1]+1;}
  }
  free(q);
  return 1;
}

int pai(char a[],int n)
{
  int i,j,temp,*q;
  q=(int*)malloc(sizeef(int)*n);
  if(q==NULL)
     return 0;
  for(i=0;i<n;i++)
     q[i]=i;
  while(1)
  { for(i=0;i<n;i++)
     printf("%c",a[q[i]]);
    printf("\n");
    for(i=n-1;i>0&&q[i]<q[i-1];i--);
    if(i==0)break;
    for(j=n-1;j>i&&q[j]<q[i-1];j--);
    {temp=q[i-1];q[i-1]=q[j];q[j]=temp;
    for(i=i,j=n-1;i<j;i++,j--)
    {temp=q[i];q[i]=q[j];q[j]=temp;}
  }
  free(q);
  return 1;
}
void main()
{
  char a[100],i,j;
  gets(a);
  printf("enter number:");
  scanf("%d",&j);
  i=strlen(a);
  combine(a,i,j);
  pai(a,3);
}
```

例 7.6　素数环问题。把从 1 到 20 这 20 个数摆成一个环，要求相邻的两个数的和是一个素数。

算法如下：

```
main()
{int a[20],k;                //下标从1开始
 for(k=1;k<=20;k=k+1)
     a[k]=0;
a[1]=1;
try(2);
}
try(int i)
{int k;
for(k=2;k<=20;k=k+1)
    if(check1(k,i)=1 and check3(k,i)=1)
    {
        a[i]=k;
        if(i=20)
           output();
        else
        {
           try(i+1);
           a[i]=0;
        }
    }
}
check1(int j,int i)
{
    int k;
    for(k=1;k<=i-1;k=k+1)
       if(a[k]=j)
       return(0);
    return(1);
}

check2(int x)
{
    int k,n;
    n=sqrt(x);               //sqrt()开平方
    for(k=2;k<=n; k=k+1)
       if(x mod k=0)
          return(0);
    return(1);
}
check3(int j,int i)
{
    if(i<20)
       return(check2(j+a[i-1]));
    else
       return(check2(j+a[i-1])and check2(j+a[1]));
}
output()
{
    int k;
    for(k=1;k<=20;k=k+1)
      print(a[k]);
    print("换行符");
}
```

7.3.4 装载问题

1.问题描述和分析

共有 n 个集装箱要装在 2 艘载重量分别为 c_1 和 c_2 的轮船上,其中集装箱 i 的重量为 w_i,且 $w_1 + w_2 + \cdots + w_n \leqslant c_1 + c_2$;装载问题要求确定,是否有一个合理的装载方案可将这 n 个集

装箱装上两艘轮船。如果有，找出一种装载方案。

例如，当 $n = 3$，$c_1 = c_2 = 50$，且 $w = [10, 40, 40]$ 时，可将集装箱 1 和集装箱 2 装在第一艘轮船上，而将集装箱 3 装在第二艘轮船上；如果 $w = [20, 40, 40]$，则无法将这 3 个集装箱都装上轮船。

当 $w_1 + w_2 + \cdots + w_n = c_1 + c_2$ 时，装载问题等价于子集和问题。当 $c_1 = c_2$，且 $w_1 + w_2 + \cdots + w_n = 2c_1$ 时，装载问题等价于划分问题。即使限制 $w_i(i = 1, 2, \cdots, n)$ 为整数，c_1 和 c_2 也是整数。

将第一艘轮船尽可能装满等价于如何选取全体集装箱的一个子集，使该子集中集装箱的重量之和最接近 c_1。即问题可归结为：寻找一个子集在满足约束 $\sum_{i=1}^{n} w_i x_i \leqslant c_1$ 的条件下，使 $\sum_{i=1}^{n} w_i x_i$ 的值最大，其中 $x_i \in \{0, 1\}(1 \leqslant i \leqslant n)$。

用回溯法解装载问题时，用子集树表示其解空间显然是最合适的。可行性约束函数 $\sum_{i=1}^{n} w_i x_i \leqslant c_1$ 可剪去不满足约束条件的子树，比如，在子集树的第 $j+1$ 层的节点 Z 处，用 c_w 记当前的装载重量，即 $c_w = (w_1 x_1 + w_2 x_2 + \cdots + w_j x_j)$，当 $c_w > c_1$ 时，以节点 Z 为根的子树中所有的节点都不满足约束条件，因而该子树不可能对应可行解，故可将该子树剪去。

2. 算法举例

设 $w = [10, 8, 5]$，$c_1 = 16$，$c_2 = 8$。其搜索空间如图 7-18 所示，节点的左子树表示将此集装箱装上船，右子树表示不将此集装箱装上船，节点中的值表示当前装入第一艘船的集装箱总重量。

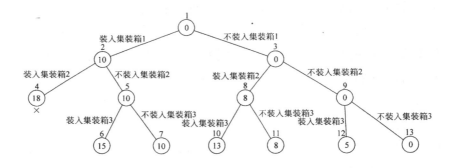

图7-18　运用回溯法求装载问题的搜索空间

同样是深度优先搜索,在节点4,表示在第一艘船上装入集装箱1又装入集装箱2,结果超出了船的载重量,即违反了前面提到的约束条件,因此不再对以节点4为根的子树进行搜索,引起回溯。最终,在所有可行的叶子节点中,节点6是满足约束且使装入集装箱的总重量与船的载重量最接近的节点,因此节点6就是我们所求的节点。此时,装载问题对应的一个方案为:集装箱1和集装箱3装入船1,集装箱2装入船2。

从图7-18所示的搜索空间可以看出,回溯法基本搜索了整个解空间树,只有一处剪枝,此时,回溯法的效率没有比穷举法好到哪里去。因此,为了提高算法的运行效率,我们需要对算法进行改进。

设bestw是当前最优载重量;r是剩余集装箱(未做选择)的重量,即$r = \sum_{i=j+1}^{n} w_i$。在以Z为根的子树中的任一叶节点所相应的载重量均不超过$c_w + r$。因此,当$c_w + r <$ bestw时,可将该子树剪去。

搜索过程如图7-19所示。如前所述,节点6是第一个满足约束条件的叶子节点,因此是一个可行解,把节点6对应的值赋值为bestw,此时bestw = 15,虽然最终我们知道节点6对应最优解,但就当时来讲还不能断定它就是最优解。因此在求得一个可行解后,仍要回溯去搜索其他节点,看有没有更好的解。回溯到节点5,走右边的分支到达节点7,节点7也对应一个满足约束条件的可行解，但其值为 10，小于 15，没有节点 6 对应的解好，所以保持 bestw 的值不变（如果节点 7 对应的值大于 15，则 bestw 被赋予新的值）。此时仍要回溯去搜索其他节点，看有没有更好的解。回溯到节点 1，走右边的分支表示不装入集装箱 1，因此节点 3 对应的载重量 $c_w = 0$。剩余集装箱的重量 $r = w_2 + w_3 = 13$，以节点 3 为根的子树中的任一叶节点所相应的载重量均不超过 $c_w + r$，而此时 $c_w + r < $ bestw 成立，这就意味着以节点 3 为根的子树中的任一叶节点不可能对应最优解，因此被剪枝。

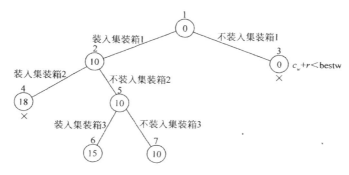

图 7-19 算法改进后装载问题的搜索空间

3.算法实现

同样用栈来实现解空间树的深度优先搜索，$x[]$ 为等长向量形式表示的解向量的各分量的取值，每个分量的取值为 0 或 1。$Cw()$ 函数用来求当前装载的重量，参数 k 表示已对前 k 个集装箱做出了装与不装的选择。$r()$ 函数用来求剩余（未做选择的）集装箱的总重量。算法如下。

```
int Cw(int x[],int w[],int k)
{
    int sum=0;
    for(int i=1;i<=k;i++)
    sum=sum+x[i]*w[i];
    return sum;
}
int r(int w[],int k,int n)
{
    int rest=0;
    for(int i=k+1;i<=n;i++)
    rest=rest+w[i];
    return rest;
}
```

MaxLoading 为求最优装载问题的函数,参数 c_1 为第一艘船的载重量,bestX[] 用于存放当前可行解中的最优解(的各个分量),bestw 为当前最优载重量。

```
void MaxLoading(int n, int x[], int w[], int c1)
    int top=0;
    int bestw=0;
    for(i=0;i<n;i++)                //初始化解向量x的各个分量xi
        x[i]=-1
    stackNode[top]=0;
    stackLevel[top]=0;
    while(top>=0)
    {
        level=stackLevel[top];     //层次出栈
        x[level]=stackNode[top];   //节点出栈
        top--;
        if(level==n)               //栈顶元素是一个可行解吗
        {
            int curResult=cw(x, w, n);
            if(curResult>bestw)
            {
                bestw=curResult;
                for(i=1;i<=n;i++)
                    bestX[i]=x[i];
            }
        }

        else                       //有满足约束的后代,后代增加到该栈若没有,程序转
                                   //到while循环的第一行,栈的下一个元素出栈,引起回溯
        {
        for(j=0;j<=1;j++)          //子节点逆序入栈
        {                          //满足约束条件且有希望成为最优装载的孩子节点才入栈
         if((cw(x, w, level)+j*w[1evel+1])<=c1
            &&(cw(x, w, level)+j*w[level+1]+r(w, level+1, n))>bestw)
         {
            top++;
            stackLevel[top]=level+1;
            stackNode[top]=j;
         }
        }
        }
    }
    for(i=1;i<=n;i++)
        输出bestX[i];               //打印输出问题的解
}
```

7.3.5　旅行商问题

设有 n 个城市组成的交通图,一个售货员从住地城市出发,到其他城市各一次去推销货物,最后回到住地城市。假定任意两个城市 i, j 之间的距离 d_{ij} ($d_{ij} = d_{ji}$) 是已知的,问应该怎样选择一条最短的路线。

$n = 4$ 的旅行商问题的解空间树如图 7-20 所示。考虑 $n = 5$ 的无向带权图,如图 7-21 所示。

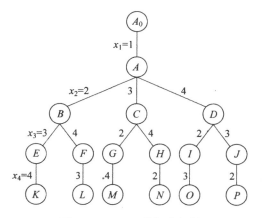

图 7-20 $n = 4$ 的解空间树

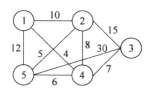

图 7-21   无向带权图

搜索过程如图 7-22 至图 7-26 所示。由于排列的第一个元素已经确定,即推销员的住地城市 1,搜索从根节点 A_0 的孩子节点 A 开始,节点 A 是活节点,并且成为当前的扩展节点,如图 7-22(a) 所示。扩展节点 A 沿着 $x_2 = 2$ 的分支扩展,城市 1 和城市 2 有边相连,约束条件满足;$c_1 = 10$,$bestl = \infty$,$c_1 < bestl$,限界条件满足,扩展生成的节点 B 成为活节点,并且成为当前的扩展节点,如图 7-22(b) 所示。扩展节点 B 沿着 $x_3 = 3$ 的分支扩展,城市 2 和城市 3 有边相连,约束条件满足;$c_1 = 25$,$bestl = \infty$,$c_1 < bestl$,限界条件满足,扩展生成的节点 C 成为活节点,并且成为当前的扩展节点,如图 7-22(c) 所示。扩展节点 C 沿着 $x_4 = 4$ 的分支扩展,城市 3 和城市 4 有边相连,约束条件满足 $c_1 = 32$,$bestl = \infty$,$c_1 < bestl$ 限界条件满足,扩展生成的节点 D 成为活节点,并且成为当前的扩展节点,如图 7-22(d) 所示。

扩展节点 D 沿着 $x_5 = 5$ 的分支扩展,城市 4 和城市 5 有边相连,约束条件满足;$c_1 = 38$,$bestl = \infty$,$c_1 < bestl$,限界条件满足,扩展生成的节点 E 是叶子节点。由于城市 5 与住地城市 1 有边相连,故找到一条当前最优路径 (1,2,3,4,5),其长度为 50,修改 $bestl = 50$,如图 7-23(a) 所示。接下来开始回溯到节点 D,再回溯到节点 C,C 成为当前的扩展节点,如图 7-23(b) 所示。

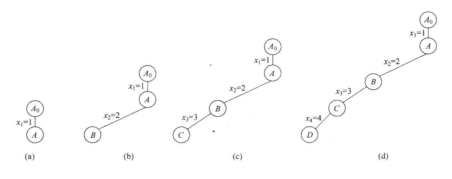

图 7-22　搜索过程 1

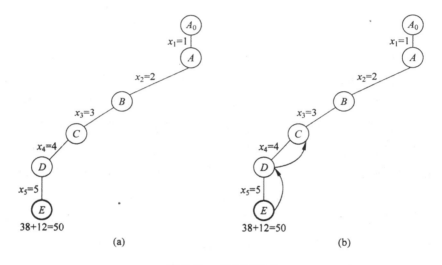

图 7-23　搜索过程 2

以此类推,第一次回溯到第二层的节点 A 时的搜索树如图 7-24 所示。节点旁边的"×"表示不能从推销货物的最后一个城市回到住地城市。

第二层的节点 A 再次成为扩展节点,开始沿着 $x_2 = 3$ 的分支扩展,城市 1 和城市 3 之间没有边相连,不满足约束条件,扩展生成的节点被剪掉。沿着 $x_2 = 4$ 的分支扩展,满足约束条件和限界条件,进入其扩展的孩子节点继续搜索。搜索过程略。此时,找到当前最优解 $(1,4,3,2,5)$,路径长度为 43。直到第二次回溯到第二层的节点 A 时所形成的搜索树如图 7-25 所示。

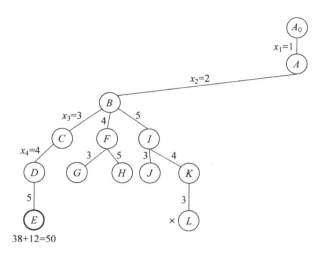

图 7-24　搜索过程 3

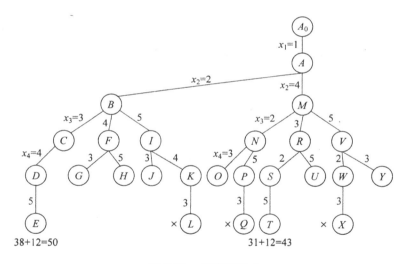

图 7-25　搜索过程 4

节点 A 沿着 $x_2=5$ 的分支扩展,满足约束条件和限界条件,进入其扩展的孩子节点继续搜索,搜索过程略。直到第三次回溯到第二层的节点 A 时所形成的搜索树如图 7-26 所示。此时,搜索过程结束,找到的最优解为图 7-26 中粗线条描述的路径(1,4,3,2,5),路径长度为 43。

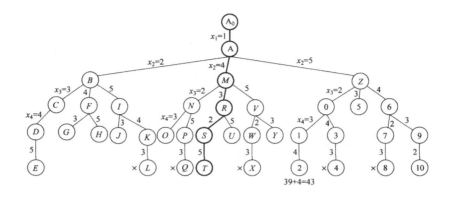

图 7-26　搜索过程 5

该问题的算法描述中,二维数组 g 表示图的邻接矩阵,$x[\ ]$、bestx 分别记录当前路径和当前最优路径,注意:初始时,$x[\ ]$ 中各元素的值和其所在的位置下标相等,bestx 中的元素全部为 0,即 $x[i] = i$,$\text{best}x[i] = 0$,$i = 1, 2, \cdots, n$。变量 cl 和 bestl 分别表示当前路径长度和当前最短路径的路径长度。cl $= 0$,bestl $= \infty$。求解该问题的算法描述如下:

```
void Traveling(int t)
  {
  if(t>n)                        //到达叶子节点
    {
    //推销货物的最后一个城市与住地城市有边相连并且路径长度比当前最优值小,说明找到了
                              一条更好的路径,记录相关信息
    if(g[x[n]][1]!=∞&&(cl+g[x[n]][1]<bestl))
      {
      for(j=1;j<=n;j++)
          bestx[j]=x[j];
      bestl=cl+g[x[n]][1];
      }
    }
  else                           //没有到达叶子节点
    for(j=t;j<=n;j++)            //搜索扩展节点的所有分支
                              //如果第t-1个城市与第t个城市有边相连并且有可能得到更短的路线
      if(g[x[t-1]][x[j]]!=∞&&(cl+g[x[t-1]][x[j]]<bestl))
        {
        //保存第t个要去的城市编号到x[t]中,进入到第t+1层
        swap(x[t],x[j]);        //交换两个元素的值
        cl+=g[x[t-1]][x[j]];
        Traveling(t+1);         //从第t+1层的扩展节点继续搜索
                              //第t+1层搜索完毕,回溯到第t层
        cl-=g[x[t-1]][x[j]];
        swap(x[t],x[j]);
        }
  }
```

由于旅行商从住地出发,首先推销商品的城市是住地城市,因此,求旅行商最短路径的时候,只需要从解空间树的第二层节点开始搜索就行,即 Traveling(2)。

判断限界函数需要 $O(1)$ 时间,在最坏情况下有 $1+(n-1)+$ $[(n-1)(n-2)+\cdots(n-1)(n-2)\cdots2]\leqslant n(n-1)!$ 个节点需要判断限界函数,故耗时 $O(n!)$;在叶子节点处记录当前最优解需要耗时 $O(n)$,在最坏情况下会搜索到每一个叶子节点,叶子节点有 $(n-1)!$ 个,故耗时为 $O(n!)$。因此,旅行售货员问题的回溯算法所需的计算时间为 $O(n!)$。

7.4　分支限界法

7.4.1　分支限界法思想

分支限界搜索是求解优化问题最有效的搜索策略,其要点是:利用已经发现的可行解的代价剪除不能取得优化解的分支,从而避免对不能产生优化解的分支进行搜索。分支限界法用于求解最小化问题。最大化问题需要适当变形转换成最小化问题之后才能利用分支限界法求解。

最小化问题往往存在许多可行解;在其解空间的树表示中,每个可行解通常对应一个叶节点。从树根搜索达到一个叶子节点,则找到问题的一个可行解 f;将该可行解的代价记为 a。对于其他未处理的每个可扩展节点 x,如果可以判定以 x 为根的子树中任意可行解的代价均大于 a,则剪除对节点 x 的扩展;否则,对 x 进行扩展,如果扩展过程发现更优的可行解 f',则在后续搜索中利用 f' 的代价 a' 继续进行剪枝搜索。

下面通过一个例子说明分支限界法的基本原理。考虑在图 7-27(a) 所示的多阶段图上求解从 v_0 到 v_3 的最短路径。图 7-27(b) 给出了问题解空间的树表示,其中从根节点到叶节点的每条路径对应问题的一个可行解(即从 v_0 到 v_3 的一条路径),树中节点 x 的隐式约束 $P(x)$ 是搜索树中从 v_0 到节点 x 的路径的长度（即总代价）。下面考虑用分支限界法求解问题。

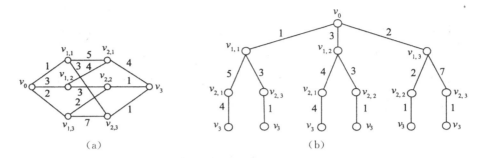

图 7-27　一个多阶段图及其上最短路径问题解空间的树表示
（a）一个多阶段图；（b）最短路径问题解空间的树表示

首先，用爬山法得到问题的一个可行解。从树根 v_0 出发，由于它不是目标节点，扩展到达其孩子节点［如图 7-28（a）所示］。根据爬山法原理，首先扩展隐式约束值最小的节点 $v_{1,1}$，扩展后如图 7-28（b）所示。根据爬山法原理，在 $v_{2,1}$ 和 $v_{2,3}$ 中先扩展隐式约束值较小的节点 $v_{2,3}$，扩展后的结果如图 7-28（c）所示；由于 v_3 是叶节点，我们得到一个可行解，其代价为 5。

然后，利用当前找到的可行解代价的最小值 $a = 5$，继续利用爬山法处理其他可扩展节点 x。如果 x 上的隐式约束值（本例中是树根到节点 x 的路径的长度）大于 a，则表明 x 的子孙节点不可能产生最短路径，将 x 标记为死节点，终止对它的处理；否则，扩展节点 x，如果发现从 v_0 到 v_3 的代价更小的路径，则更新现为新路径的代价。上述剪枝搜索过程产生如图 7-28（d）所示的搜索结果，找到从 v_0 到 v_3 的两条最短路径，它们的代价均为 5。

必须要强调的是，尽管分支限界法通常非常高效，但在最坏情况下，它仍然需要访问整棵搜索树。因此，分支限界法的高效性指的是平均情况下的高效性。

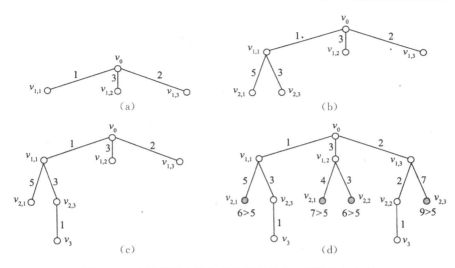

图 7-28　多阶段图上最短路径问题的分支界限搜索实例

（a）爬山法第一次扩展；（b）爬山法第二次扩展；

（c）爬山法第三次扩展得到可行解；（d）利用可行解进行剪枝搜索

7.4.2　用分支限界法求解 0-1 背包问题

0-1 背包问题输入：物品重量 $w_1, \cdots, w_n$ 及其价值 $v_1, \cdots, v_n$，背包容量 W，其中 $w_i > 0, v_i > 0, W > 0 (1 \leqslant i \leqslant n)$。

输出：向量 $[x_1, \cdots, x_n]$，其中 $x_i \in \{0,1\}$ 使得 $\sum_{i=1}^{n} x_i \cdot w_i \leqslant W$ 且 $\sum_{i=1}^{n} x_i \cdot v_i$ 达到最大值。

算法使用最大堆来实现解空间树（图 7-29）的最佳优先搜索。堆节点的数据结构如下。

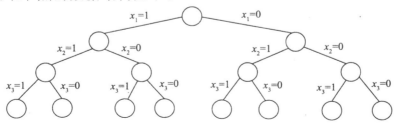

图 7-29　0-1 背包问题解空间的树表示

```
struct HeapNode
{
  int w;               //当前重量
  int v;               //当前价值
  int level;           //层级
  int bound;           //上界
  int route[N];        //路径，代表了解向量的各个分量
};
```

InsertHeap 函数用来插入堆元素，插入之后仍保证是最大堆。具体实现如下。

```
voidInsertHeap(HeapNode b[],HeapNode x,int&length)
{
  for(int i=length+1;i>1;i=i/2)
      if(x.bound<=b[i/2].bound)
      {
        break;
      }
      else
      {
        b[i]=b[i/2];
      }
  b[i]=x;
  length=length+i;
}
```

DeleteHeap 函数用来删除堆顶元素，删除之后仍保证是最大堆。具体实现如下。

```
void DeleteHeap(HeapNode b[],int&length)
{
  int i;
  b[1]=b[length];           //最后一个元素赋值给根，并把它调整到合适位置
  HeapNode temp=b[1];
  b[length].bound=0;        //最后一个元素给一个最小值
  for(i=2;i<length;i=i*2)
  {
      if(b[i].bound<b[i+1].bound)
          i++;
      if(temp.bound>=b[i].bound)
          break;
      b[i/2]=b[i];
  }
  i=i/2;
  b[i]=temp;
  length=length-1;
}
```

MaxupBound 函数返回当前堆中所有节点的最大上界。具体实现如下。

```
int MaxUpBound(HeapNode b[],int length)
{
  int max=0;
  for(int i=1;i<=length;i++)
  {
      if(max<b[i].bound)
      max=b[i].bound;
  }
  return max;
}
```

Pack01 为求解 0-1 背包问题的函数，入口参数 n 为解空间

树的层次,也可理解为物品的个数。w_i 和 v_i 分别用来存放物品的重量和价值,W 为背包容量。具体实现如下。

```
void Pack01(int n,int w[],int v[],int w)
{
    HeapNode rootNode;                              //构造由根节点组成的一元堆
    rootNode.w=0;
    rootNode.v=0;
    rootNode.bound=W*(v[1]/w[1]);
    for(i=1;i<N;i++)
        rootNode.route[i]=0;
    rootNode.level=0;
    InsertHeap(heap,rootNode,heapLength);
    while(heapLength>0)
    {
        HeapNode temp;
        temp=heap[1];                               //得到堆顶元素
        level=temp.level;
        DeleteHeap(heap,heapLength);
        if(level==n&&temp.v>=MaxUpBound(heap,heapLength))  //堆顶元素是最终解吗
        {
            for(i=1;i<=n;i++)
        输出temp.route[i];                           //打印输出问题的解
        输出temp.v;
        return;
        }
        else                                        //有满足约束的后代,后代增加到堆中若没有,程序转
                                                    //到while循环的第一行,下一个堆顶元素出堆,引起回溯
        {
            for(j=0;j<=1;j++)
            {                                       //只有满足约束条件的孩子节点才入堆
                if(temp.w+j*w[level+1]<=W)
                {
                    HeapNode node;
                    node.w=temp.w+j*w[level+1];

                    node.v=temp.v+j*v[level+1];
                        if(level<=n-1)
                        {
                            node.bound=node.v+(W-node.w)*(v[level+1]/w[level+1]);
                        }
                        else
                        {
                            node.bound=node.v;
                        }
                        for(i=1;i<=level;i++)
                            node.route[i]=temp.route[i];
                        node.route[level+1]=j;
                        node.level=level+1;
                        InsertHeap(heap,node,heapLength);
                }
            }
        }
    }
}
```

可以看出,算法实现过程中,不需要建立起一棵真正的树,而是利用优先队列(最大堆)来存储待处理的节点,从而实现树的最佳优先搜索,这样的一棵状态空间树是一边建立一边处理的。

7.4.3　单源最短路径问题

1. 问题描述

带权有向图 $G=(V,E)$ 如图 7-30 所示,每一边都有一个非

负边权。要求图 G 的从源顶点 s 到目标顶点 t 之间的最短路径。

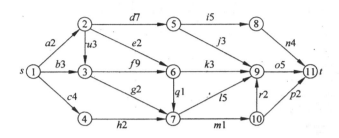

图 7-30　带权有向图 $G = (V, E)$

在图 7-30 中,每条边上标注有字母和数字,在字母旁边的数字为路长。如标注 $f9$ 表示边的名称为 f,边的长度为 9。圆圈中的数字是顶点的编号。

输入

第一行是顶点个数 n,第二行是边数 edge;接下来 edge 行是边的描述:from,to d,表示从顶点 from 到顶点 to 的边权是 d。

后面是若干查询,从顶点 s 到顶点 t。

输出

给出所有查询,从顶点 s 到顶点 t 的最短距离。

如果从顶点 s 不可达到顶点 t,则输出"No path!"。

2. 算法分析

算法从图 G 的源顶点 s 和空优先队列开始,节点的扩展过程一直继续到活节点优先队列为空,如图 7-31 所示。

在图 7-31 中,圆圈中的数字是顶点的编号,圆圈旁边的数字是从起点 s 沿树结构到当前顶点的路径长度,圆圈旁边的"×"表示该路径上的当前顶点未进入优先队列。

(1) 剪枝策略

由于图 G 中各边的权都是正数,节点所对应的当前路径长度也是解空间树中,以该节点为根的子树中所有节点对应的路径长度的一个下界。在算法扩展节点的过程中,一旦发现一个节点的下界大于当前找到的最短路长,则算法剪去以该节点为根的子树。

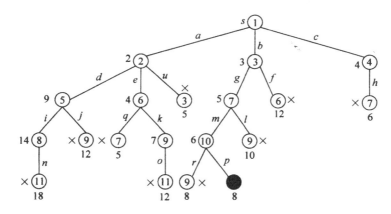

图 7-31 带权有向图 $G = (V, E)$ 的单源最短路径问题的解空间树

在算法中,利用节点间的控制关系进行剪枝。从源顶点 s 出发,如果有两条不同路径到达图 G 的同一顶点 N,由于两条路径的长度不同,因此可以将长度较长的路径所对应的以节点 N 为根的子树剪去。

（2）最小耗费分支限界算法

算法从源节点 s 开始扩展,三个子节点 2、3 和 4 被插入优先队列中,如表 7-1 所示。

表 7-1　最小耗费分支限界算法表 1

节点	2	3	4			
路径长度	2	3	4			

取出头节点 2,它有三个子树。节点 2 沿边优扩展到节点 3 时,路径长度为 5,而节点 3 当前的路径长度为 3,该子树被剪枝。节点 2 分别沿边 d 和 e 扩展至节点 5 和 6 时,加入优先队列,如表 7-2 所示。

表 7-2　最小耗费分支限界算法表 2

节点	3	4	6	5		
路径长度	3	4	4	9		

　　取出头节点 3，它有两个子树。节点 2 沿边 f 扩展到节点 6 时，路径长度为 12，而节点 6 当前的路径长度为 4，路径没有优化，该子树被剪枝。节点 2 沿边 g 扩展至节点 7 时，加入优先队列，如表 7-3 所示。

表 7-3　　最小耗费分支限界算法表 3

节点	4	6	7	5		
路径长度	4	4	5	9		

　　取出头节点 7，它有两个子树。节点 7 沿边 l 扩展到节点 9 时，路径长度为 10，而节点 9 当前的路径长度为 7，路径没有优化，该子树被剪枝。节点 7 沿边 m 扩展至节点 10 时，加入优先队列，如表 7-4 所示。

表 7-4　　最小耗费分支限界算法表 4

节点	10	9	5			
路径长度	6	7	9			

3.数据结构

　　根据问题描述，定义单源最短路径问题分支限界算法的数据结构，算法如下：

```
#define inf 1000000          //∞
#define NUM 100
int n;                       //图G的顶点数
int edge;                    //图G的边数
int c[NUM][NUM];             //图G的邻接矩阵
int prey[NUM];               //前驱顶点数组
int dist[NUM];               //从源顶点到各个顶点最短距离数组
//优先队列的元素
struct MinHeapNode
{
    //排序算法，升序
    friend bool operator<(const MinHeapNode& a,
                          const MinHeapNode& b)
    {
        if(a.length>b.length)return true;
        else retturn false;
    }
    int i;                   //i节点缀号
    int length;              //节点路径的长度
};
```

4. 分支限界算法的实现

优先队列是使用 C＋＋ 标准模板库函数 priority_queue()，它的头文件是：

＃include ＜ queue ＞

单源最短路径问题分支限界算法的实现如下。

```
//形参v是起始结点
void ShortestPaths(int v)
{
    //定义优先队列
    priority_queue<MinHeapNode, vector<MinHeapNode>,
                   less<MinHeapNode>>H;
    //定义源结点v为初始扩展结点
    MinHeapNode E;
    E.i=v;
    E.length=0;
    dist[v]=0;
    //搜索问题的解空间
    while(true)
    {
        //扩展所有子结点
        for(int j=1;j<=n;j++)
            //剪枝,沿结点i到结点j有路,并且能够取得更优的路径长度
            if((c[E.i][j]<inf)&&(E.length+c[E.i][j]<dist[j]))
            {
                dist[j]=E.length+c[Eli][j];
                prev[j]=E.i;
                //构造队列元素,加入到优先队列H中
                MinHeapNode N;
                N.i=j;
                N.length=dist[j];
                H.push(N);
            }
        if(H.empty())break;     //队列为空
        else
        {
        E=H.top();                //取出队列的头元素
        H.pop();                  //删除队列的头元素
        }
    }
}
```

算法结束后，数组 dist 保存从源到各个顶点的最短距离，相应的最短路径可利用前驱顶点数组 prev 记录的信息构造出来。

7.4.4　用分支限界法求解旅行商问题

输入：一个加权完全有向图 $G = (V, E)$

输出：G 中代价最小的哈密顿环

用分支限界法求解旅行商问题，需要先将问题的解空间表示成一棵树，其中每个节点的隐式约束计算其任意后代叶节点

表示的可行解的代价的一个下界。搜索时,利用爬山法优先扩展当前节点的孩子节点中下界最小的节点,直到发现一个可行解;然后,利用找出的可行解的代价,继续搜索其他节点,剪除不可能产生优化解的分支,直到搜索树中不再有可扩展节点。具体地,剪枝搜索处理每个可扩展节点,如果节点的下界超过了已经发现的可行解的代价,则终止对该节点的扩展;否则,继续扩展该节点,如果发现代价更小的可行解,则更新可行解的代价。

下面以图 7-32(a) 中邻接矩阵表示的有向图为例,说明分支限界法的求解旅行商问题的过程。将有向图中所有可能的哈密顿环构成的集合作为搜索树树根,考虑根节点代价的下界。任意一个哈密顿环,必然使用一条从顶点 1 出发的边;根据邻接矩阵的第 1 行可知,其代价至少为 3,将 3 计入根节点下界后,将矩阵第 1 行所有元素减 3。类似地,处理矩阵的其余行。此时,矩阵第 3 列仍存在非 0 元素。由于任意哈密顿环必然使用一条进入顶点 3 的边;由邻接矩阵的第 3 列可知,其代价至少为 7,将 7 计入根节点下界后,将矩阵第 3 列所有元素减 7。类似地,处理矩阵的第 4 列和第 7 列。上述变换如图 7-32 所示,图 7-32(b) 给出了变换后的矩阵,其中每行每列均存在 0。变换中各行各列减数之和为 $3+4+16+7+25+3+26+7+1+4 = 96$。由此可知,根节点下界为 96。

接下来,构造根节点的子节点。利用图中的一条边 (i,j) 将所有可行解分为两组,使用边 (i,j) 的所有可行解构成一组,不使用边 (i,j) 的所有可行解构成另一组。两个分组分别对应根节点的左、右孩子节点。为了提高分支限界搜索的剪枝能力,我们希望选择边 (i,j) 使得其中一个孩子节点的下界缓慢增长,而另一个孩子的下界增长达到最大值。事实上,如果 $c_{ij} = 0$,则左孩子下界增长 0;对于右孩子,由于其中所有可行解不使用边 (i,j),但它必须使用一条从 i 出发的边和一条进入顶点 j 的边,因此右孩子下界至少增长

$$f(i,j) = \min_{k \neq i} c_{kj} + \min_{k \neq j} c_{ik}$$

因此,根据邻接矩阵,选取权值为 0 且 $f(i,j)$ 达到最大值的边 (i,j) 划分解空间。

$$
\begin{array}{c|ccccccc}
i \backslash j & 1 & 2 & 3 & 4 & 5 & 6 & 7 \\
\hline
1 & \infty & 3 & 93 & 13 & 33 & 9 & 57 \\
2 & 4 & \infty & 77 & 42 & 21 & 16 & 34 \\
3 & 45 & 17 & \infty & 36 & 16 & 28 & 25 \\
4 & 39 & 90 & 80 & \infty & 56 & 7 & 91 \\
5 & 28 & 46 & 88 & 33 & \infty & 25 & 57 \\
6 & 3 & 88 & 18 & 46 & 92 & \infty & 7 \\
7 & 44 & 26 & 33 & 27 & 84 & 39 & \infty
\end{array}
\quad
\begin{array}{r}
-3 \\
-4 \\
-16 \\
-7 \\
-25 \\
-3 \\
-26 \\
\\
\end{array}
$$
$$
\begin{array}{ccccccc}
& -7 & -1 & & & -4 &
\end{array}
$$

(a)

$$
\begin{array}{c|ccccccc}
i \backslash j & 1 & 2 & 3 & 4 & 5 & 6 & 7 \\
\hline
1 & \infty & 0 & 83 & 9 & 30 & 6 & 50 \\
2 & 0 & \infty & 66 & 37 & 17 & 12 & 26 \\
3 & 29 & 1 & \infty & 19 & 0 & 12 & 5 \\
4 & 32 & 83 & 66 & \infty & 49 & 0 & 80 \\
5 & 3 & 21 & 56 & 7 & \infty & 0 & 28 \\
6 & 0 & 85 & 8 & 42 & 89 & \infty & 0 \\
7 & 18 & 0 & 0 & 0 & 58 & 13 & \infty
\end{array}
$$

(b)

图 7-32　由图的邻接矩阵计算搜索树根节点代价的下界

对于图 7-32(b) 所示的邻接矩阵,$f(1,2) = 6 + 0 = 6$,$f(2,1) = 17 + 0 = 17$,$f(3,5) = 17 + 1 = 18$,$f(4,6) = 32 + 0 = 32$,$f(5,6) = 3 + 0 = 3$,$f(6,1) = 4 + 0 = 4$,$f(2,7) = 1 + 0 = 1$。因此,选用边 $(4,6)$ 划分解空间。根节点的左孩子是使用边 $(4,6)$ 的所有可行解,其下界是 96,右孩子是不使用边 $(4,6)$ 的所有可行解,其下界是 $96 + f(4,6) = 96 + 32 = 128$,如图 7-33 所示。

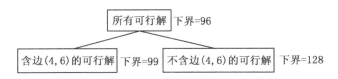

图 7-33　以 $(4,6)$ 划分解空间的所有可行解

扩展左孩子使用的代价矩阵需要重新计算。事实上,由于左孩子中任意可行解均使用边 $(4,6)$,故不会再使用任何从 4 出发的边,也不会再使用进入顶点 6 的边;因此,将矩阵第 4 行和第 6 列全部置为 ∞。而且,由于任意可行解均使用边 $(4,6)$,故不会再使用边 $(6,4)$,故 c_{64} 修改为 ∞。上述修改得到图 7-34(a) 所示的邻接矩阵。注意,此时矩阵第 5 行不含 0,故将第 5 行减去其最小元素 3,得到图 7-34(b) 所示的邻接矩阵,同时左孩子代价下界增加 3。

扩展右孩子使用的代价矩阵也需要重新计算。事实上,由于右孩子中任意可行解均不使用边$(4,6)$,故令$c_{46}=\infty$。

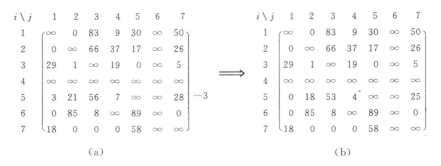

图 7-34　由图的邻接矩阵计算搜索树根节点代价的下界

根节点扩展完成后,分支限界法采用爬山策略(图 7-35),依次扩展 3 号节点,5 号节点,$\cdots$,到达 15 号叶节点,产生可行解 $1 \rightarrow 4 \rightarrow 6 \rightarrow 7 \rightarrow 3 \rightarrow 5 \rightarrow 2 \rightarrow 1$,其代价为 126。(注意,12 号节点和 14 号节点是死节点。以 12 号节点为例,其祖先节点产生路径 $2 \rightarrow 1 \rightarrow 4 \rightarrow 6 \rightarrow 7$ 和路径 $3 \rightarrow 5$;此时,如果从顶点 5 出发的边不进入顶点 2,将不会产生任何哈密顿环。)然后,分支限界法利用已经发现的可行解代价 126,继续搜索过程。由于 10 号节点的下界 141 大于 126,故 10 号节点的后代节点不可能包含更优的可行解,终止其扩展;类似地,剪除 8 号节点的扩展;继而扩展 6 号节点,由于节点下界 125 小于 126,需要继续扩展它,扩展过程从略,扩展过程不产生更优的可行解,类似地处理 4 号节点。最后,剪除 2 号节点的扩展,得到问题的解 $1 \rightarrow 4 \rightarrow 6 \rightarrow 7 \rightarrow 3 \rightarrow 5 \rightarrow 2 \rightarrow 1$。

值得注意的是,如果分支限界法扩展到当前顶点时,已经构造了路径 $i_1 - i_2 - \cdots - i_m$ 和路径 $j_1 - j_2 - \cdots - j_n$,并且扩展当前顶点时使用边 (i_m, j_1),则在后续扩展中不能使用边 (j_n, i_1),除非有向图的顶点集为 $\{i_1, i_2, \cdots, i_m, j_1, j_2, \cdots j_n\}$,否则,将出现非哈密顿环。实现上述策略的方法是,在构造当前顶点的左孩子的代价矩阵时,令 $c_{j_n i_1} = \infty$。

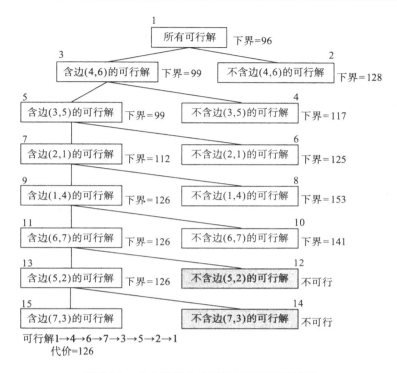

图 7-35　分支限界法求解旅行商问题的过程

在上述运行实例中,考察 7 号顶点的扩展,其代价矩阵如图 7-36(a) 所示(仅给出了相关的行和列),其祖先节点构造了路径 $4 \to 6$ 和路径 $2 \to 1$。由于 $f(1,4) = 41 + 0 = 41, f(5,4) = 14 + 0 = 14, f(6,7) = 8 + 21, f(7,2) = 0 + 14, f(7,3) = 0 + 8 = 8, f(7,4) = 0 + 0 = 0$,算法将选用边 $(1,4)$ 扩展 7 号顶点;其左孩子(9 号节点)的代价矩阵如图 7-36(b) 所示。根据上述策略,扩展 9 号节点时不能使用边 $(6,2)$,因此令 $c_{62} = \infty$,最后得到扩展 9 号节点的代价矩阵,如图 7-36(c) 所示。

$$
\begin{array}{c|cccc}
i \backslash j & 2 & 3 & 4 & 7 \\
1 & \infty & 74 & 0 & 41 \\
5 & 14 & \infty & 0 & 21 \\
6 & 85 & 8 & \infty & 0 \\
7 & 0 & 0 & 0 & \infty
\end{array}
$$

(a)

$$
\begin{array}{c|ccc}
i \backslash j & 2 & 3 & 7 \\
5 & 14 & \infty & 21 \\
6 & 85 & 8 & 0 \\
7 & 0 & 0 & \infty
\end{array}
\quad
\begin{array}{c}
-14 \\
c_{62} \to \infty
\end{array}
$$

(b)

$$
\begin{array}{c|ccc}
i \backslash j & 2 & 3 & 7 \\
5 & 0 & \infty & 7 \\
6 & \infty & 0 & 0 \\
7 & 0 & 0 & \infty
\end{array}
$$

(c)

图 7-36　运行实例中部分节点的代价矩阵

第 8 章　NP 完全问题

NP 完全问题(NP-C 问题),是世界七大数学难题之一。NP 的英文全称是 Non-deterministic Polynomial 的问题,即多项式复杂程度的非确定性问题。简单的写法是 NP = P?,问题就在这个问号上,到底是 NP 等于 P,还是 NP 不等于 P。

8.1　P 类问题

定义 8.1　A 是求解问题 Ⅱ 的一个算法,如果在处理问题 Ⅱ 的实例时,在算法的整个执行过程中,每一步只有一个确定的选择,就称算法 A 是确定性(determinism)算法。

确定性算法执行的每一个步骤,都有一个确定的选择,如果重新用同一输入实例运行该算法,所得的结果严格一致。

定义 8.2　如果对于某个判定问题 Ⅱ,存在一个非负整数 k,对于输入规模为 n 的实例,能够以 $O(n^k)$ 的时间运行一个确定性算法,得到 yes 或 no 的答案,则该判定问题 Ⅱ 是一个 P 类问题。

从定义 8.1 可以看到,P 类问题是由具有多项式时间的确定性算法来求解的判定问题组成的。因此用 P(polynomial)来表征这类问题。例如,下面的一些判定问题就属于 P 类问题。

可排序的判定问题:给定 n 个元素的数组,是否可以按非降序排序?

不相交集判定问题:给出两个整数集合,它们的交集是否为空?

最短路径判定问题:给定有向赋权图 $G=(V,E)$,正整数 k

及两个顶点 $s,t \in V$（权为正整数），是否存在着一条由 s 到 t 的长度至多为 k 的路径？

如果把判定问题的提法改变一下，例如，把可排序的判定问题的提法改为：给定 n 个元素的数组，是否不可以按非降序排序。把这个问题称为不可排序的判定问题，则称不可排序的判定问题是可排序的判定问题的补。同样，最短路径判定问题的补是：给定有向赋权图 $G=(V,E)$，正整数 k 及两个顶点 $s,t \in V$，是否不存在一条由 s 到 t 的长度至多为 k 的路径。

定义 8.3　令 C 是一类问题，如果对 C 中的任何问题 $\Pi \in C$，Π 的补也在 C 中，则称 C 类问题在补集下封闭。

定理 8.1　P 类问题在补集下是封闭的。

证明：在 P 类判定问题中，每一个问题 Π 都存在着一个确定性算法 A，这些算法都能够在一个多项式时间内返回 yes 或 no 的答案。现在，为了解对应问题 Π 的补 $\overline{\Pi}$，只要在对应的算法 A 中，把返回 yes 的代码，修改为返回 no，把返回 no 的代码，修改为返回 yes，即把原算法 A 修改为算法 $\overline{A}$。很显然，算法 $\overline{A}$ 是问题 $\overline{\Pi}$ 的一个确定性算法，它也能够在一个多项式时间内返回 yes 或 no 的答案。因此 P 类问题 Π 的补 $\overline{\Pi}$ 也属于 P 类问题。所以，P 类问题在补集下是封闭的。

定义 8.4　设 Π 和 Π' 是两个判定问题。如果存在一个确定性算法 A，它的行为如下：当给 A 展示问题 Π' 的一个实例 I' 时，算法 A 可以把它变换为问题 Π 的实例 I，当且仅当 I 的答案是 yes，使得 I' 的答案也为 yes，而且，这个变换必须在多项式时间内完成。那么我们说 Π' 以多项式时间规约于 Π，用符号 $\Pi' \propto_p \Pi$ 表示。

定理 8.2　Π 和 Π' 是两个判定问题，如果 $\Pi \in P$，并且 $\Pi' \propto_p \Pi$，则 $\Pi' \in P$。

证明：因为 $\Pi' \propto_p \Pi$，所以，存在一个确定性算法 A，它可以用多项式 $p(n)$ 的时间把问题 Π' 的实例 I' 转换为问题 Π 的实例 I，当且仅当 I 的答案是 yes。使得 I' 的答案也为 yes，如果对某

个正整数 $c>0$，算法 A 在每一步的输出，最多可以输出 c 个符号，则算法 A 的输出规模最多不会超过 $cp(n)$ 个符号。因为 $\Pi \in$ P，所以存在一个多项式时间的确定性算法 B，对输入规模为 cp (n) 的问题 Π 进行求解，所得结果也是问题 Π' 的结果。算法 C 是把算法 A 和算法 B 合并起来的算法，则算法 C 也是一个确定性算法，并且以多项式时间 $r(n)=q(cp(n))$ 得到问题 Π' 的结果，所以 $\Pi' \in$ P。

8.2　NP 类问题

一般来说，一个问题的验证过程比求解过程更容易进行，为了界定一个比 P 类问题更大的，人们考虑验证过程为多项式时间的问题类，为此，引入非确定性算法的概念。

定义 8.5　设 A 是求解问题 Π 的一个算法，如果算法 A 以推测并验证的方式工作，就称算法 A 是非确定性（nondeterminism）算法，非确定性算法是由两个阶段组成的。

如果某些问题存在着以多项式时间运行的非确定性算法，则这类问题就属于 NP 类问题，它要求在多项式步数内得到结果，即在 $O(n^i)$ 时间内，其中 i 为非负整数。

例 8.1　货郎担的判定问题：给定 n 个城市、正常数 k 及城市之间的代价矩阵 C，判定是否存在一条经过所有城市一次且仅一次，最后返回出发城市且代价小于常数 k 的回路。假定 A 是求解货郎担判定问题的算法。首先，A 用非确定性的算法，在多项式时间内推测存在这样的一条回路。然后，用确定性的算法，在多项式时间内检查这条回路是否正好经过每个城市一次，并返回到出发城市。如果答案为 yes，则继续检查这条回路的费用是否小于常数 k。如果答案仍为 yes，则算法 A 输出 yes，否则输出 no。因此，A 是求解货郎担判定问题的非确定性算法。当然，如果算法 A 输出 no，并不意味着不存在一条所要求的回路,因为算法的推测可能是不正确的。但反过来,如果对问题 Ⅱ 的实例 I,算法 A 输出 yes,则说明至少存在一条所要求的回路。

非确定性算法的运行时间,是推测阶段和验证阶段的运行时间的和。若推测阶段的运行时间为 $O(n^i)$,验证阶段的运行时间为 $O(n^j)$,则对某个非负整数 k,非确定性算法的运行时间为 $O(n^i) + O(n^j) = O(n^k)$,这样,可以对 NP 类问题作如下定义。

定义 8.6　如果对某个判定问题 Ⅱ,存在着一个非负整数 k,对输入规模为 n 的实例,能够以 $O(n^k)$ 的时间运行一个非确定性算法,得到 yes 或 no 的答案,则该判定问题 Ⅱ 是一个 NP 类判定问题。

上述货郎担判定问题的算法的验证部分,显然可以设计出一个具有多项式时间的确定算法来对推测阶段所做出的推测进行检查和验证,因此,货郎担判定问题是 NP 类判定问题。

P 类和 NP 类问题的主要差别在于:P 类问题可以用多项式时间的确定性算法来进行判定或求解,NP 类问题可以用多项式时间的确定性算法去检查和验证它的解。

8.3　NP 完全问题

8.3.1　多项式时间变换

设 $L_1 \in \sum_1^*$,$L_2 \in \sum_2^*$ 是 2 个语言。所谓语言 L_1 能在多项式时间内变换为语言 L_2(简记为 $L_1 \infty_p L_2$)是指存在映射 $f: \sum_1^* \to \sum_2^*$,且 f 满足:

①有一个计算 f 的多项式时间确定性图灵机。

②对于所有 $x \in \sum_1^*$,$x \in L_1$,当且仅当 $f(x) \in L_2$。

定义:语言 L 是 NP 完全的当且仅当

①$L \in$ NP。

②对于所有 $L' \in$ NP 有 $L' \propto_p L$。

如果有一个语言 L 满足上述性质②，但不一定满足性质①，则称该语言是 NP 难的。所有 NP 完全语言构成的语言类称为 NP 完全语言类，记为 NPC。

由 NPC 类语言的定义可以看出它们是 NP 类中最难的问题，也是研究 P 类与 NP 类的关系的核心所在。

定理 8.3 设 L 是 NP 完全的，则

①$L \in$ P 当且仅当 P＝NP。

②若 $L \propto_p L_1$，且 $L_1 \in$ NP，则 L_1 是 NP 完全的。

证明：(1)若 P＝NP，则显然 $L \in$ P。反之，设 $L \in$ P，而 $L_1 \in$ NP。则 L 可在多项式时间 p_1 内被确定性图灵机 M 所接受。又由 L 的 NP 完全性知 $L_1 \propto_p L$，即存在映射 f，使 $L = f(L_1)$。

设 N 是在多项式时间 p_2 内计算 f 的确定性图灵机。用图灵机 M 和 N 构造识别语言 L_1 的算法 A 如下：

①对于输入 x，用 N 在 $p_2(|x|)$ 时间内计算出 $f(x)$。

②在时间 $|f(x)|$ 内将读写头移到 $f(x)$ 的第一个符号处。

③用 M 在时间 $p_1(f|x|)$ 内判定 $f(x) \in L$。若 $f(x) \in L$，则接受 x，否则拒绝 x。

上述算法显然可接受语言 L_1，其计算时间为 $p_2(|x|) + |f(x)| + p_1(f|x|)$。由于图灵机一次只能在一个方格中写入一个符号，故 $|f(x)| \leqslant |x| + p_2(|x|)$。因此，存在多项式 r 使得 $p_2(|x|) + |f(x)| + p_1(f|x|) \leqslant r(x)$。因此，$L_1 \in$ P。由 L_1 的任意性即知 P＝NP。

(2)只要证明对任意的 $L' \in$ NP，有 $L' \propto_p L_1$。由于 L 是 NP 完全的，故存在多项式时间变换 f 使 $L = f(L')$。又由于 $L \propto_p L_1$，故存在一多项式时间变换 g 使 $L_1 = h(L')$。因此，若取 f 和 g 的和复合函数 $h = g(f)$，则 $L = f(L')$。易知 h 为一多项式。因此，$L' \propto_p L_1$。由 L' 的任意性即知，$L_1 \in$ NPC。

NP 类、NP 完全、NP 难问题之间的关系如图 8-1 所示。P

类问题、NP 类问题、NP 完全问题之间的关系如图 8-2 所示。

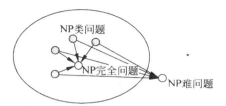

图 8-1　NP 类、NP 完全、NP 难问题之间的关系示意图

图 8-2　P 类问题、NP 类问题和 NP 完全问题之间的关系

8.3.2　Cook 定理

定理 8.3（Cook 定理）　布尔表达式的可满足性问题 SAT 是 NP 完全的。

证明：SAT 的一个实例是 k 个布尔变量 $x_1, x_2, \cdots, x_k$ 的 m 个布尔表达式 $A_1, A_2, \cdots, A_m$。若存在各布尔变量 x_i（$1 \leqslant i \leqslant k$）的 0,1 赋值，使每个布尔表达式 A_i（$1 \leqslant i \leqslant m$）都取值 1，则称布尔表达式 $A_1 A_2 \cdots A_m$ 是可满足的。

SAT $\in$ NP 是很明显的。对于任给的布尔变量 $x_1, x_2, \cdots, x_k$ 的 0,1 赋值，容易在多项式时间内验证相应的 $A_1 A_2 \cdots A_m$ 的取值是否为 1。因此，SAT $\in$ NP。

现在只要证明对任意的 $L \in$ NP 有 $L \in_p$ SAT 即可。设 M 是一台能在多项式时间内识别 L 的非确定性图灵机，而 W 是对 M 的一个输入。由 M 和 W 能在多项式时间内构造一个布尔表达式 W_0，使得 W_0 是可满足的当且仅当 M 接受 W。

不难证明，属于 NP 的任何语言能由一台单带的非确定性图灵机在多项式时间内识别。因此，不妨假定 M 是一台单带图灵机。设 M 有 s 个状态 $q_0,\cdots,q_{s-1}$ 和 m 个带符号 $X_1,\cdots,X_m$。$P(n)$ 是 M 的时间复杂性。

设 W 是 M 的一个长度为 n 的输入。若 M 接受 W，只需要不多于 $P(n)$ 次移动。也就是说，存在 M 的一个瞬象序列 $Q_0,Q_1,\cdots,$ Q_r，使 $Q_{i-1}|-Q_i(1\leqslant i\leqslant r)$。其中 Q_0 是初始瞬象，Q_r 是接受瞬象，$r\leqslant P(n)$。由于读写头每次最多移动一格，因此任一接受 W 的瞬象序列不会使用多于 $P(n)$ 个方格。不失一般性可假定 M 到达接受状态后将继续运行下去，但以后的"计算"将不移动读写头，也不改变已进入的接受状态，直到 $P(n)$ 个动作为止。也就是说，用一些空动作填补计算路径，使它的长为 $P(n)$，即恒有 $r=P(n)$。

判断 $Q_0,Q_1,\cdots,Q_{P(n)}$ 为一条接受 W 的计算路径等价于判断下述 7 条事实：

①在每一瞬象中读写头恰只扫描一个方格。

②在每一瞬象中，每个方格中的带符号是唯一确定的。

③在每一瞬象中恰有一个状态。

④在该计算路径中，从一个瞬象到下一个瞬象每次最多有一个方格（被读写头扫描着的那个方格）的符号被修改。

⑤相继的瞬象之间是根据移动函数 δ 来改变状态，读写头位置和方格中符号的。

⑥Q_0 是 M 在输入 W 时的初始瞬象。

⑦最后一个瞬象 $Q_{P(n)}$ 中的状态是接受状态。

证明的思路是构造一个布尔表达式 W_0，用它"模拟"由 M 所能接受的瞬象序列，使得对 W_0 中各变量的一组 0,1 赋值最多表示 M 中的一个瞬象序列（也可能有的不表示 M 的一个合法的瞬象序列）。布尔表达式 W_0 取值 1 当且仅当赋予变量值后，对应着一个导向可接受的瞬象序列 $Q_0,Q_1,\cdots,Q_{P(n)}$。因此，W_0 可满足当且仅当 M 接受 W。

为了确切地表达上述 7 条事实,需要引进和使用以下几种命题变量:

①$C[i,j,t]=1$,当且仅当在时刻 t,M 的输入带的第 i 个方格中的带符号为 X_j,其中,$1 \leqslant i \leqslant P(n)$,$1 \leqslant j \leqslant m$,$0 \leqslant t \leqslant P(n)$。

②$S[k,t]=1$,当且仅当在时刻 t,M 的状态为 q_k,其中,$1 \leqslant k \leqslant s$,$0 \leqslant t \leqslant P(n)$。

③$H[i,t]=1$,当且仅当在时刻 t,读写头扫描第 i 个方格,其中,$1 \leqslant i \leqslant P(n)$,$0 \leqslant t \leqslant P(n)$。

这里总共最多有 $O(P^2(n))$ 个变量,它们可以由长不超过 $c\log n$ 的二进制数表示,其中,c 是依赖于 P 的一个常数。为了叙述方便,假定每个变量仍表示为单个符号而不是 $c\log n$ 个符号。这样做将少了一个因子 $c\log n$,但这并不影响对问题的讨论。

现在可以用上面定义的这些变量,通过模拟瞬象序列 Q_0,Q_1,$\cdots$,$Q_{P(n)}$,构造布尔表达式 W_0。在构造时还要用到一个谓词 $U(x_1,\cdots,x_r)$。当且仅当各变量 $x_1,\cdots,x_r$ 中只有一个变量取值 1 时,谓词 $U(x_1,\cdots,x_r)$ 才取值 1。因此,U 的布尔表达式可以写成如下形式:

$$U(x_1,\cdots,x_r)=(x+\cdots+x_r)\prod_{i \neq j}(\overline{x_i}+\overline{x_j})$$

上式的第一个因子断言至少有一个 x_i 取值 1,而后面的 $r(r-1)/2$ 个因子断言没有 2 个变量同时取值 1。注意,U 的长度是 $O(r^2)$(严格地说,一个变量至多用 $c\log n$ 个二进制位表示,故 U 的长度至多为 $O(r^2\log n)$)。

现在构造与判断①到⑦相应的布尔表达式 A,B,C,D,E,F,G。

(1)A 断言在 M 的每一个时间单位中,读写头恰好扫描着一个方格。设 A_t 表示在时刻 t 时 M 的读写头恰好扫描着一个方格,则

$$A=A_0A_1\cdots A_{P(n)}$$

其中,

$$A(t)=U(H\langle 1,t\rangle,H\langle 2,t\rangle,\cdots,H\langle P(n),t\rangle),\quad 0\leqslant t\leqslant P(n)$$

注意,由于用一个符号表示一个命题变量 $H\langle i,t\rangle$,故 A 的长为 $O(P^3(n))$,而且可以用一台确定性图灵机在 $O(P^3(n))$ 时间内写出这个表达式。

(2)B 断言在每一个单位时间内,每一个带方格中只有一个带符号。设 B_{it} 表示在时 t 第 i 个方格中只含有一个带符号,则

$$B=\prod_{0\leqslant i,t\leqslant P(n)}B_{it}$$

其中,

$$B_{it}=U(C\langle i,1,t\rangle,C\langle i,2,t\rangle,\cdots,C\langle i,m,t\rangle),\quad 0\leqslant i,t\leqslant P(n)$$

由于 m 是 M 的带符号集中带符号数,故 B_{it} 的长度与 n 无关。因而 B 的长度是 $O(P^2(n))$。

(3)C 断言在每个时刻 t,M 只有一个确定的状态,则

$$C=\prod_{0\leqslant t\leqslant P(n)}U(S\langle 0,t\rangle,S\langle 1,t\rangle,\cdots,S\langle s-1,t\rangle)$$

因为 s 是 M 的状态数,它是一个常数,所以 C 的长度为 $O(P(n))$。

(4)D 断言在时刻 t 最多只有一个方格的内容被修改,则

$$D=\prod_{i,j,t}(C\langle i,j,t\rangle\equiv C\langle i,j,t+1\rangle+H\langle i,t\rangle)$$

表达式 $C\langle i,j,t\rangle\equiv C\langle i,j,t+1\rangle+H\langle i,t\rangle$ 断言下面的二者之一:

①在时刻 t 读写头扫描着第 i 个方格。

②在时刻 $t+1$,第 i 个方格中的符号仍是时刻 t 的符号 X_j。

因为 A 和 B 断言在时刻 t 读写头只能扫描着一个带方格和方格 i 上仅有一个符号,所以在时刻 t,或者读写头扫描着方格 i(这里的符号可能被修改),或者方格 i 的符号不变。即使不使用缩写"$\equiv$",表达式 D 的长度也是 $O(P^2(n))$。

(5)E 断言根据 M 的移动函数 δ,可以从一个瞬象转向下一个瞬象。设 E_{ijkt} 表示下列 4 种情形之一:

①在时刻 t 第 j 个方格中的符号不是 X_j。

②在时刻 t 读写头没有扫描着方格 i。

③在时刻 t，M 的状态不是 q_k。

④M 的下一瞬象是根据移动函数从上一瞬象得到的。

由此可得 $E=\prod\limits_{i,j,k,t} E_{ijkt}$。其中，

$$E_{ijkt}=\mapsto C\langle i,j,t\rangle +\mapsto H\langle i,t\rangle +\mapsto S\langle k,t\rangle$$
$$+\sum_l (C\langle i,j_l,t+1\rangle S(k_l,t+1)H\langle i_l,t+1\rangle)$$

式中，l 遍取当 M 处于状态 q_k 且扫描 X_j 时所有可能的移动，即 l 取遍使得 $(q_{kl},X_{jl},d_{il})\in\delta(q_k,X_j)$ 的一切值。

因为 M 是非确定性图灵机，(q,X,d) 的个数可能不止一个。但在任何情况下，都只能有有限个，且不超过某一常数。故 E_{ijkt} 的长度与 n 无关。所以，E 的长度是 $O(P^2(n))$。

（6）F 断言满足初始条件，即

$$F=S\langle 1,0\rangle H\langle 1,0\rangle \prod_{1\leqslant i\leqslant n} C\langle i,j_i,0\rangle \prod_{n\leqslant i\leqslant P(n)} C\langle i,1,0\rangle$$

其中，$S\langle 1,0\rangle$ 断言在时刻 $t=0$，M 处于初始状态 q_0。$H\langle 1,0\rangle$ 断言在时刻 $t=0$，M 的读写头扫描着最左边的带方格。$\prod\limits_{1\leqslant i\leqslant n} C\langle i,j_i,0\rangle$ 断言在时刻 $t=0$，带上最前面的 n 个方格中放有串 W 的 n 个符号，而 $\prod\limits_{n\leqslant i\leqslant P(n)} C\langle i,1,0\rangle$ 断言带上其余方格中开始都是空白符，这里不妨假定 X_1 就是空白符。显然，F 的长度是 $O(P(n))$。

（7）G 断言 M 最终将进入接受状态。因为已对 M 做了修改，一旦 M 在某个时刻 t 进入接受状态（$1\leqslant t\leqslant P(n)$），它将始终停在这个状态，所以有 $G=S\langle s-1,P(n)\rangle$。不妨取 q_{s-1} 为 M 的接受状态。

最后，令 $W_0=ABCDEFG$。它就是所要构造的布尔表达式。给定可接受的瞬象序列 $Q_0,Q_1,\cdots,Q_r$，显然可找到变量 $C\langle i,j,t\rangle$，$S\langle k,t\rangle$ 和 $H\langle i,t\rangle$ 的某个 0、1 赋值，使 W_0 取值 1。反之，若有一个使 W_0 被满足的赋值，则可根据其变量赋值相应地找到可接受计算路径 $Q_0,Q_1,\cdots,Q_r$。因此，W_0 是可满足的当且仅当 M 接受 W。

因为 W_0 的每一个因子最多需要 $O(P^3(n))$ 个符号，它一共

有 7 个因子，从而 W_0 的符号长度是 $O(P^3(n))$。即使用长度为 $O(\log n)$ 的符号串取代描述各个变量的简单符号，W_0 的长度也不过是 $O(P^3(n)\log n)$。也就是说，存在一个常数 c，W_0 的长度不超过 $cnP^3(n)$，这仍是一个多项式。

上述构造中并没有对语言 L 加任何限制。也就是说，对属于 NP 的任何语言，都能在多项式时间内将其变换为布尔表达式的可满足性问题 SAT。因此，SAT 是 NP 完全的，即 SAT $\in$ NPC。

8.3.3 一些典型的 NP 完全问题

图 8-3 是一棵以 SAT 为树根的 NP 完全问题的树的一小部分，下面介绍该树每个节点表示的 NP 问题。

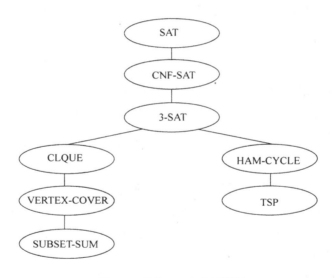

图 8-3 部分 NP 完全问题树

1.合取范式的可满足性问题

给定一个合取范式 α，判定它是否可满足。

如果一个布尔表达式是一些因子和之积，则称之为合取范式，简称 CNF（conjunctive normal form）。这里的因子是变量 x 或 $\overline{x}$。例如，$(x_1+x_2)(x_2+x_3)(\overline{x_1}+\overline{x_2}+x_3)$ 就是一个合取范

式,而 $x_1 x_2 + x_3$ 就不是合取范式。

D 是形如 $(x \equiv y) + z$ 的表达式的积。如果以 $xy + \overline{xy}$ 替换 $x \equiv y$,可将 $(x \equiv y) + z$ 改写为 $xy + \overline{xy} + z$,这等价于 $(x + \overline{y} + z)(\overline{x} + y + z)$。因此,$D$ 可变换为与之等价的合取范式,且其表达式的长最多是原式长度的 2 倍。

最后,由于表达式 E 是 E_{ijkt} 的积,每个 E_{ijkt} 的长度与 n 无关,将 E_{ijkt} 变换成合取范式后长度也与 n 无关。因此,将 E 变换成合取范式后,其长度与原长最多差一个常数因子。

由此可见,将布尔表达式 W_0 变换成与之等价的合取范式后,其长度只相差一个常数因子。因此,CNF-SAT $\in$ NPC。

如果一个布尔合取范式的每个乘积项最多是 k 个因子的析取式,就称之为是元合取范式,简记为 k-CNF。一个 k-SAT 问题是判定一个 k-CNF 是否可满足。特别地,当 $k = 3$ 时,3-SAT 问题在 NP 完全问题树中具有重要地位。

2. 元合取范式的可满足性问题

给定一个 3 元合取范式 α,判定它是否可满足。

3-SAT $\in$ NP 是显而易见的。为了证明 3-SAT $\in$ NPC,只要证明 CNF-SAT $\propto_p$ 3-SAT,即合取范式的可满足性问题可在多项式时间内变换为 3-SAT。

给定一个合取范式,其中每一个合取项具有形式 $(x_1 + x_2 + \cdots + x_k)$。

考虑 $k \geqslant 4$ 的合取项 $(x_1 + x_2 + \cdots + x_k)$,将其变换为一个 3 元合取范式如下。

添加 k 个新变量 $y_1, y_2, \cdots, y_k$,并考虑 3 元合取范式。
$$\alpha = (x_1 + \overline{y_1})(y_1 + x_2 + \overline{y_2}) \cdots (y_{k-1} + x_k + \overline{y_k})$$

对于 $x_1, \cdots, x_k$ 的任一 0、1 赋值,存在新变量 $y_1, y_2, \cdots, y_k$ 的相应的 0、1 赋值,使得 $x_1 + x_2 + \cdots + x_k = 1$ 当且仅当 $\alpha = 1$。

事实上,若 $x_1 + x_2 + \cdots + x_k = 1$,则至少有一个 x_i 取值 1。令 $i_0 = \min\{i \mid x_i = 1, 1 \leqslant i \leqslant k\}$。

当 $j<i_0$ 时，令 $y_j=0$，当 $j\geqslant i_0$ 时令 $y_j=1$。按此 x_i 和 y_j 的 0、1 赋值，容易验证 $\alpha=1$。反之，若有 x_i 和 y_j 的 0、1 赋值使 $\alpha=1$，则 $x_i,1\leqslant i\leqslant k$ 中至少有一个变量取值 1。因若不然，$x_i=0$，$1\leqslant i\leqslant k$。由 $\alpha=1$ 推知 $x_1+\overline{y_1}=1$，由此得 $y_1=0$，又由 $y_1+x_2+\overline{y_2}=1$ 推知 $y_2=0$，类似地还有 $y_3=0,\cdots,y_k=0$。而由 $\alpha=1$ 又可推知 $y_k=1$，此为矛盾。故 $x_1+x_2+\cdots+x_k=1$。

由上面的分析即知，任给一个合取范式 α，都可以将其变换为一个 3 元合取范式 β，使得 α 是可满足的当且仅当 β 是可满足的，而且能够在正比于 α 的长度的时间内构造 β。也就是说，CNF-SAT$\propto_p$3-SAT。从而 3-SAT$\in$NPC。

3 元合取范式的一个稍不同的定义是，每个合取项恰为 3 个因子的和。若采用这种定义，仍有 3-SAT$\in$NPC。事实上，对于只有 2 个因子的合取项 $x+y$，可引入新变量 c，并构造 $(x+y+c)(x+y+\overline{c})$ 替换合取项 $x+y$。容易证明，$x+y=1$ 当且仅当 $(x+y+c)(x+y+\overline{c})=1$。对于只有一个因子的合取项 x，可引入新变量 c 和 d，并构造 $(x+c+d)(x+\overline{c}+d)$ $(x+c+\overline{d})(x+\overline{c}+\overline{d})$ 替换合取项 x，将其变换为恰有 3 个因子的合取项。容易证明，$x=1$ 当且仅当 $(x+c+d)(x+\overline{c}+d)(x+c+\overline{d})(x+\overline{c}+\overline{d})=1$。这些变换显然可在多项式时间内完成。由此即知，在 3 元合取范式的这种不同的定义下仍有 3-SAT$\in$NPC。

3. 团问题

有两个输入，一个是图 G，一个是正整数 k，并问图 G 中是否存在 k 团：一个大小为 k 的团。例如，下面的图上包含一个大小为 4 的团，团上的顶点以加重的阴影色表示，且不存在另外的大小为 4 的团或者比 4 大的团。

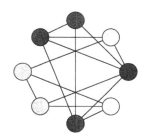

　　验证一个证书很简单。证书是声称构成一个团的 k 个顶点，我们仅仅需要检查 k 个顶点中的每个顶点是否与其他的 $k-1$ 个顶点均存在边相连。这个检查操作很容易在关于图的大小的多项式时间内完成。现在我们知道了团问题是 NP 问题。

　　如何能将一个满足布尔表达式的问题归约到一个图问题呢？我们以一个满足 3-CNF 的布尔表达式开始着手。假定该表达式为 C_1 AND C_2 AND C_3 AND⋯AND C_k，其中每个 C_r 是 k 个子句之一。以这一表达式为例，我们能在多项式时间内构建一个图，且该图将包含 k-团当且仅当 3-CNF 表达式是可满足的。我们需要看到三件事：构建，关于构建所花费的时间为关于 3-CNF 表达式的规模的多项式时间的一个证明和该图包含一个 k-团，当且仅当能采用某种方式来对 3-CNF 表达式的变量分配相应的值使得该表达式为 1 的证明。

　　为了从一个 3-CNF 表达式构建一个图，让我们集中研究下第 r 个子句，即 C_r 它包含三个文字；让我们将它们称为 l_1^r、l_2^r 和 l_3^r，因此 C_r 为 l_1^r OR l_2^r OR l_3^r。每个文字或者是一个变量或者是一个变量的非。我们对每个文字创建一个顶点，因此对于子句 C_r，我们会创建一个包含三个顶点的组合：v_1^r、v_2^r 和 v_3^r。如果满足如下两个条件，我们会在 v_i^r 和 v_j^s 这两个顶点之间添加一条边。

　　v_i^r 和 v_j^s 属于不同的三顶点组合；也就是说，r 和 s 代表不同的子句编号，且它们相对应的文字互相之间不是非的关系。

　　例如，下图对应如下的 3-CNF 表达式：

$(x$ OR (NOT y) OR (NOT z)) AND ((NOT z) OR y OR z) AND $(x$ OR y OR $z)$

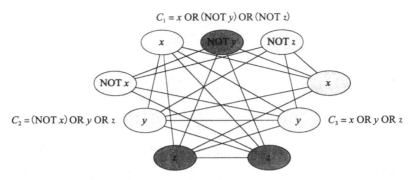

很容易看出这个归约能在多项式时间内执行完成。如果 3-CNF 公式有 k 个子句,那么它就会有 $3k$ 个文字,该图中就会包含 $3k$ 个顶点。每个顶点至多与其他的 $3k-1$ 个顶点均存在一条边,因此边的数目最多为 $3k(3k-1)$,即 $9k^2-3k$。构建出的图的规模是关于 3-CNF 输入的多项式,并且很容易判定图中存在哪些边。

最后,我们需要证明构建的图中包含一个 k-团当且仅当 3-CNF 公式是可满足的。首先假定该表达式是可满足的,我们将证明图中包含一个 k-团。如果存在一个可满足的分配方案,每个子句 C_r 中至少包含一个 l_i^r 等于 1 的文字,并且每个文字对应着图中的一个顶点 v_i^r。如果将 k 个子句中每个这样的文字选出来,我们就会相应地得到一个包含 k 个顶点的集合 S。我们称该集合 S 为一个 k-团。考虑 S 中的任意两个顶点,它们对应着可满足分配方案中的不同子句中等于 1 的相应文字,这些文字彼此不可能互反,因为如果它们存在非的关系,那么必定其中一个等于 1 而另外一个会等于 0。由于这些文字之间均不是非的关系,当创建图时,我们能在两个顶点间创建一条边。因为在 S 中任意挑选两个顶点作为一对,我们会得出 S 中的所有顶点对之间均存在边。因此,S,一个包含 k 个顶点的集合,是一个 k-团。

现在我们必须反向证明:如果图中包含一个 k-团 S,那么 3-CNF 公式是可满足的。图中属于同一组合的点之间不存在互连的边,因此 S 对每个三顶点组合恰好会仅仅包含一个顶点。对于 S 中的每个顶点 v_i^r,将它在 3-CNF 公式中所对应的文字 l_i^r 赋值为 1。我们不用担心会将一个文字和它的非均分配为 1,因为 k-团中不可能包含一个文字和它的非所对应的顶点。由于每个子句均有一个等于 1 的文字,因此每个子句均是可满足的,因此整个 3-CNF 公式也是可满足的。对于任意不对应团中任何顶点的变量,我们可对这些变量赋予任意值;它们对该公式的可满足性不会产生任何影响。

在上述例子中,一个可满足的分配方案是 $y = 0, z = 1$;x 取什么值无所谓。对应的 3-团包括颜色较重的顶点,即 C_1 子句中的 $\text{NOT}\,y$,C_2 和 C_3 子句中的 z。

因此,我们已经证明了,存在一个从 3-CNF 可满足性的 NP-完全问题到寻找 k-团的多项式-时间的归约。如果给定一个包含是个子句的 3-CNF 布尔公式,且必须对该公式找出一个可满足分配方案,你可以使用刚刚看到的将一个公式在多项式时间内转化为一个无向图的构建过程,并确定图中是否包含一个 k-团。如果能够在多项式时间内确定图中是否包含一个 k-团,那么你也能够在多项式时间内确定 3-CNF 公式是否包含一个可满足分配方案。由于 3-CNF 可满足性问题为 NP-完全问题,因此判定一个图中是否包含一个 k-团也是一个 NP-完全问题。作为奖励,如果你不仅能够确定出一个图中是否包含一个 k-团,且能够得出这个 k-团是由哪些顶点组成的,那么你就能够使用这些信息找到一个满足 3-CNF 公式的可满足分配方案中的相应变量值。

4. AND/OR 图判定问题(AOG)

很多复杂的问题都可以拆解成一系列的子问题,再由子问题的解得到原始问题的解。这些子问题可以进一步拆分成子问题,直到拆分得到的子问题成为有显而易见解的简单问题为止。将复杂问题拆分成子问题的过程可以表示为有向图的结构,其中每个节点表示一个问题,一个节点的子孙节点表示它所含的子问题。

例 8.2　图 8-4(a)给出问题 A,它可以通过子问题 B 和 C 的解得到解决,或者通过子问题 D 的解,或者通过子问题 E 的解。

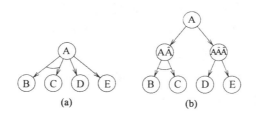

图 8-4　图表示问题

为了得到父节点的解而必须求解的所有子问题用一条弧线跨越所对应的边连到一起(例如跨过边 $[A,B]$ 和 $[A,C]$ 的弧线)。如图 8-4(b)所示,通过引入虚拟节点,我们可以将图转化为所有节点的解决或者要求它的所有子问题都解决:或者只要求其中一个子问题得到解决。前一种类型的节点称为 AND 节点,后一种类型的节点称为 OR 节点。图 8-4(b)中的 A 和 A'' 节点是 OR 节点,A' 节点是 AND 节点。从 AND 节点向下的边都被一条弧线穿过。没有孩子节点的节点称为终止。终止节点表示简单问题,这些问题或者可解或者不可解。可解得终止节点由长方形表示。一个 AND/OR 图不一定总是一棵树。

将一个问题拆分成一些子问题被称为是问题简化。问题简化被用于定理证明,符号集成以及分析工业进度。当使用问题简化时,两个不同的问题可能产生同样的子问题。这种情况下我们希望只用一个节点来表示这个子问题(这意味着该问题只需要求解一次)。图 8-5 给出了出现这种情况的两个 AND/OR 图。

注意这种情况下的图已经不是一棵树。这些图甚至有可能出现有向回路,如图 8-5(b)所示。出现有向回路并不意味着问题是不可解的。事实上,图 8-5(b)中的问题 A 可以通过求解简单问题 G、H 和 I 来解决。由 G、H 和 I 的解可以得到问题 D 和 E 的解,再得到 B 和 C 的解。一个解图是指包含那些可以得到问题已求解的子问题的子图。图 8-5 中的图的可能解图由粗边表示。

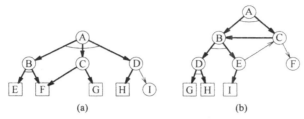

图 8-5　两个非树的 AND/OR 图

让我们来假设 AND/OR 图中的每一条边都代价。一个 AND/OR 图 G 的解图 H 的代价是 H 中所有边上代价之和。AND/OR 图判定问题(AOG)就是要判定图 G 是否有代价最多为 k 的解图,其中 k 是一个输入。

例 8.3　我们来看图 8-6 中的有向图。要解决的问题是 P_1。为了求解它,我们需要求解节点 P_2,或者 P_3,或者 P_7,因为 P_1 是一个 OR 节点。需要的代价是 2,或者 2,或者 8(即解决 P_2、P_3 或者 P_7 之外的代价)。要解 P_2,我们需要解决 P_4 和 P_5,因为 P_2 是一个 AND 节点。所需要的总代价是 2。要解决 P_3,我们需要解决 P_5 或者 P_6。所需要的最小代价是 1。P_7 没有额外的代价。在这个例子中,解决 P_1 的最优选择是先解 P_6,然后 P_3,最后 P_1。这个解法的总代价是 3。

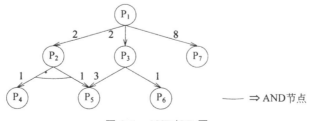

图 8-6　AND/OR 图

定理 8.4 CNF 可满足性问题 $\propto$ AND/OR 图判定问题。

证明：令 P 是 CNF 的命题式。我们下面来构造 AND/OR 图 G，使得这样得到的 AND/OR 图 G 有一定最小代价的解当且仅当 F 是可满足的。令

$$P = \prod_{i=1}^{k} C_i, C_i = \prod l_j$$

其中，l_j 是文字。P 的变元是 $x_1, x_2, \cdots, x_n$。AND/OR 图的节点如下：

①有一个点 S 没有入边，它表示待解的问题。

②S 是一个 AND 节点，它的孩子节点是 $P, x_1, x_2, \cdots, x_n$。

③每个节点 x_i 对应式 P 中的变元 x_i。每个 x_i 是一个 OR 节点，有两个孩子节点 Tx_i 和 Fx_i。如果 Tx_i 有解，则表示给变元 x_i 赋一个真值。如果 Fx_i 有解，则表示给变元 x_i 赋一个假值。

④节点 P 表示式 P，是一个 AND 节点。它有 k 个孩子节点分别是 $C_1, C_2, \cdots, C_k$。节点 C_i 对应式 P 中的子句 C_i。节点 C_i 是 OR 节点。

⑤节点 Tx_i 和 Fx_i 都只有一个是终止的孩子节点（即它们没有出边）。这些终止节点记为 $v_1, v_2, \cdots, v_{2n}$。

为了完成 AND/OR 图的创建，我们加入下面的边以及代价：

①从每个节点 C_i，如果子句 C_i 中包含 x_j，那么加一条边 (C_i, Tx_j)。如果子句 C_i 中包含 $\overline{x_j}$，那么加一条边 (C_i, Tx_j)。对 C_i 中出现的所有变元都按这样的规则加边。最后设置子句 C_i 为 OR 节点。

②从节点 Tx_i 或者 Fx_i 到它们终止节点之间加边，并且给一定的代价，或者设代价为 1。

③所有其他边的代价为 0。

为了求解 S，必须先解所有的节点 $P, x_1, x_2, \cdots, x_n$。求解 $x_1, x_2, \cdots, x_n$ 的代价是 n。为了求解 P，我们必须先解所有的

$C_1, C_2, \cdots, C_k$。节点 C_i 的代价最多为 1。然而如果在求解 x_1，$x_2, \cdots, x_n$ 的过程中，C_i 的孩子节点已经有一个得到解了，那么求解 C_i 的额外代价就是 0，因为它到自己孩子节点的边的代价为 0，并且它的孩子节点之一已经有解了。也就是说，如果一个子句中的一个文字已经被赋了真值，那么这个子句的求解代价为 0。由此可知，如果存在一个 x_i 的赋值，使得在这个赋值下每个子句都存在至少一个文字为真，即 P 是可满足的，那么整个图（即节点 s）可以在代价 n 求解。如果 P 是不可满足的，那么代价一定是超过 n 的。

我们现在已经说明了如果从式 P 构造 AND/OR 图，使得 AND/OR 图有一个代价为 n 的解当且仅当 P 是可满足的，否则代价一定超过 n。构造的过程显然是多项式时间的。由此完成了这个证明。

例 8.4　考虑下面的式

$$P = (x_1 \lor x_2 \lor x_3) X \land (\overline{x_1} \lor \overline{x_2} \lor x_3) \land (\overline{x_1} \lor x_2)$$

$$\amalg (P) = x_1, x_2, x_3; n = 3$$

图 8-7 表示构建的 AND/OR 图。

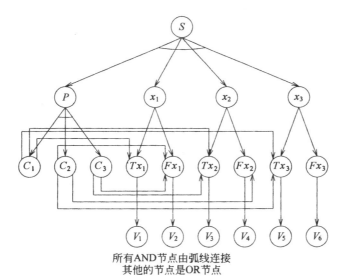

所有 AND 节点由弧线连接
其他的节点是 OR 节点

图 8-7　例 8.4 的 AND/OR 图

节点 Tx_1、Tx_2 和 Tx_3 有一个代价为 3 的解。节点 P 的解不需要其他额外的代价。因此节点 S 可以通过求解它的所有孩子节点以及 Tx_1、Tx_2 和 Tx_3 来得到解。这个解的总代价是 3（即等于 n）。为 P 的所有变元赋真值可以使得 P 为真。

5.顶点覆盖问题

给定一个无向图 $G=(V,E)$ 和一个正整数 k，判定是否存在 $V'\subseteq V$，$|V'|=k$，使得对于任意 $(u,v)\in E$ 有 $u\in V'$ 或 $v\in V'$。如果存在这样的 V'，就称 V' 为图 G 的一个大小为 k 顶点覆盖。

例如，图 8-8(b)中的图有一个大小为 2 的顶点覆盖 $\{w,z\}$。

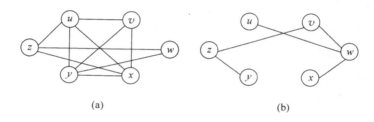

(a)   (b)

图 8-8　图 G 及其补图

顶点覆盖问题原来是以找图 G 的最小顶点覆盖的形式提出的。为了研究其计算复杂性，将它表述为相应的判定问题。

首先容易看出，VERTEX-COVER $\in$ NP。因为对于给定的图 G 和正整数 k 以及一个"证书" V'，验证 $|V'|=k$，然后对每条边 $(u,v)\in E$，检查是否有 $u\in V'$ 或 $v\in V'$，显然可在多项式时间内完成。

下面通过 CLIQUE $\propto_p$ VERTEX-COVER 来证明顶点覆盖问题是 NP 难的。这一变换是以图 G 的"补图"概念为基础的。给定无向图 $G=(V,E)$，其补图 $\overline{G}$ 定义为 $\overline{G}=(V,\overline{E})$，其中 $\overline{E}=\{(u,v)\mid(u,v)\notin E\}$。换句话说，$\overline{G}$ 是包含了不在 G 中的那些边的图。图 8-8 是一个图及其补图的示意图。

由团问题的一个实例 $[G,k]$，可以在多项式时间内构造出 G 的补图 $\overline{G}$，从而得到顶点覆盖问题的一个实例 $[G,|V|-k]$。

可以证明图 G 有一个 k 团当且仅当 G 有一个大小为 $|V|-k$ 的顶点覆盖。

事实上,若 G 有一个 k 团 V',$|V'|=k$,则 $V-V'$ 是 $\overline{G}$ 的一个大小为 $|V|-k$ 的顶点覆盖。设 (u,v) 是 $\overline{E}$ 中任意一边,则 $(u,v)\notin E$。由团的性质即知,u 和 v 中至少有一个顶点不属于 V'。也就是说,u 和 v 中至少有一个顶点属 $V-V'$,即边 (u,v) 被 $V-V'$ 覆盖。由 $(u,v)\in\overline{E}$ 的任意性即知 $\overline{E}$ 被 $V-V'$ 覆盖。因此,$V-V'$ 是 $\overline{G}$ 的一个大小为 $|V|-k$ 的顶点覆盖。

反之,设 $\overline{G}$ 有一顶点覆盖 $V'\subseteq V$,且 $V'=|V|-k$。对任意 $u,v\in V$,若 $(u,v)\in\overline{E}$,则 u 和 v 中至少有一个顶点属于 V'。这等价于,对任意的 $u,v\in V$,若 $u\notin V'$ 且 $v\notin V'$,则 $(u,v)\in E$。换句话说 $V-V'$ 是 G 的一个团,其大小为 $|V|-|V'|=k$,即 $V-V'$ 是 G 的一个 k-团。

因此,$\mathrm{CLIQUE}\propto_p\mathrm{VERTEX\text{-}COVER}$,从而 $\mathrm{VERTEX\text{-}COVER}\in \mathrm{NPC}$。

6. 子集和问题

给定整数集合 S 和一个整数 t,判定是否存在 S 的一个子集 $S'\subseteq S$,使得 S' 中整数的和为 t。

例如,若 $S=\{1,4,16,64,256,1040,1041,1093,1284,1344\}$ 且 $t=3754$,则子集 $S'=\{1,16,64,256,1040,1093,1284\}$ 是一个解。

对于子集和问题的一个实例 $[S,t]$,给定一个"证书"S',要验证 $t=\sum\limits_{i\in S'}i$ 是否成立,显然可在多项式时间内完成。因此,$\mathrm{SUBSET\text{-}SUM}\in \mathrm{NP}$。

下面证明 $\mathrm{VERTEX\text{-}COVER}\propto_p\mathrm{SUBSET\text{-}SUM}$。

给定顶点覆盖问题的一个实例 $[G,k]$,要在多项式时间内将其变换为子集和问题的一个实例 $[S,t]$,使得 G 有一个 k-团当且仅当 S 有一个子集 S',其元素和为 t。

变换要用到图 G 的关联矩阵。设 $G=(V,E)$ 是一个无向

图，且 $V=\{v_0,v_1,\cdots,v_{|V|-1}\}$，$E=\{e_0,e_1,\cdots,e_{|E|-1}\}$。$G$ 的关联矩阵 B 是一个 $|V|\times|E|$ 矩阵 $B=(b_{ij})$，其中

$$b_{ij}=\begin{cases}1 & \text{顶点 } v_i \text{ 与边 } e_j \text{ 相关联}\\ 0 & \text{其他情况}\end{cases}$$

图 8-9(b)是图 8-9(a)的关联矩阵。为了便于构造 S，该关联矩阵中将下标较小的边放在右边。

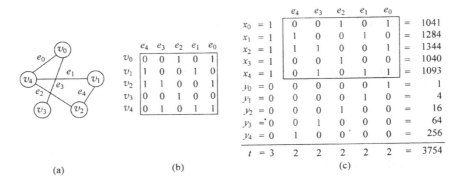

图 8-9　由 $[G,k]$ 构造 $[S,t]$

对于给定的图 G 和整数 k，构造集合 S 和整数 t 的过程如下。首先，在讨论范围内用一个修正的四进制表示一个数。在这种数的表示法下，前 $|E|$ 位数字是通常的四进制数字，而第 $|E|$ 位允许超过 3，最大可到 k。用这种方式表示要构造的整数集 S 和整数 t，可以使 S 中的数在做加法时各位数字都不产生进位。集合 S 中有两类数字，它们分别相应于图 G 的顶点和边。

对于每个顶点 $v_i\in V,i=0,1,\cdots,|V|-1$，构造与之相应的数 x_i 为

$$x_i=4^{|E|}+\sum_{j=0}^{|E|-1}b_{ij}4^i$$

其中，b_{ij} 是 G 的关联矩阵第 j 行的元素 $j=0,1,\cdots,|E|-1$。在修正的四进制表示下，x_i 的第 $j+1$ 位（$0\leqslant j\leqslant|E|-1$）就是 b_{ij}。x_i 的第 $|E|+1$ 位是 1。对于每条边 $e_j\in E,j=0,1,\cdots,|E|-1$，构造一个与之相应的数 y_j 为：$y_j=4^j$。在修正的四进制表示

下，y_j 的 $j+1$ 位为 1，其余各位为 0，$j=0,1,\cdots,|E|-1$。

令 $S=\{x_0,x_1,\cdots,x_{|V|-1},y_0,y_1,\cdots,y_{|E|-1}\}$，$t=k4^{|E|}+\sum\limits_{j=0}^{|E|-1}2\cdot4^j$。

在修正的四进制表示下，t 的第 $|E|+1$ 位为 k，其余各位均为 2。

从图 8-9(a) 的图 G 构造出的数 x_i,x_j，和 t，及其修正的四进制表示如图 8-9(c) 所示。这些数的构造显然可在多项式时间内完成。

现在要证明的是图 G 有一个大小为 k 的顶点覆盖，当且仅当 S 有一子集 S'，其和为 t。

首先，设 G 有一大小为 k 的顶点覆盖 $V'=\{v_{i1},v_{i2},\cdots,v_{ik}\}\subseteq V$。由此，定义 S' 为 $S'=\{x_{i1},x_{i2},\cdots,x_{ik}\}\bigcup\{y_j\,|\,e_j$ 恰与 V' 中一个顶点相关联，$0\leqslant j\leqslant|E|-1\}$，则 $\sum\limits_{i\in S'}i=t$。事实上，注意到，在 S 中各数的修正的四进制表示中，第 $|E|+1$ 位恰有 k 个 1，分别由 $x_{i1},x_{i2},\cdots,x_{ik}$ 贡献，将它们加起来后得到 t 的第 $|E|+1$ 位数字 k。其余各位都相应于一条边 e_j。由于 V' 是一个顶点覆盖，每条边 e_j 至少与 V' 中一个顶点相关联。因此，对每条边 e_j，至少有 S' 中一个数 $x\in S$，其第 $j+1$ 位为 1。若 e_j 关联于 V' 中 2 个顶点，则这 2 个顶点所对应的数的第 $j+1$ 位均为 1。而此时，由 S' 的定义知 $y_j\notin S$，从而 y_j 第 $j+1$ 位的 1 对 S' 的和没有贡献。因此，在这种情况下 S' 的和的第 $j+1$ 位为 2。另一种情况是 e_j 只与 V' 中一个顶点相关联，该顶点相对应的 S' 中的数对 S' 和的第 $j+1$ 位贡献一个 1。此时，由 S' 的定义知 $y_j\in S$。因此，S' 对 S' 和的第 $j+1$ 位也贡献一个 1。这种情况下仍有 S' 的和的第 $j+1$ 位为 2。由此即知，S' 和的第 $j+1$ 位均为 2。因此，

$$\sum_{i\in S'}i=k4^{|E|}+\sum_{j=0}^{|E|-1}2\cdot4^j=t$$

反之，设有一 S 的子集 S'，其和为 t。若

$$S' = \{x_{i1}, x_{i2}, \cdots, x_{im}\} \bigcup \{y_{j1}, y_{j2}, \cdots, y_{jp}\}$$

则可以证明 $m = k$，且 $V' = \{v_{i1}, v_{i2}, \cdots, v_{im}\}$ 是 G 的一个顶点覆盖。

事实上，注意到，对于每条边 $e_j \in E, S$ 中恰有 3 个数的第 $j+1$ 位为 1，其余各数的第 $j+1$ 位为 0。这 3 个 1 分别由 y_j 和与 e_j 相关联的 2 个顶点所对应的数的第 $j+1$ 位所组成。因此，在修正的四进制表示下，S' 中数在做加法时各位都不会产生进位。由于 S' 的和为 t，且 t 的第 $j+1$ 位，$j = 0, 1, \cdots, |E|-1$ 均为 2，因此，在 t 的第 $j+1$ 位至少有一个，最多有 2 个 S 中的数对其有贡献。这也就是说 e_j 至少与 V' 中一个顶点相关联。因此，V' 是 G 的一个顶点覆盖。

由于只有 $x_{i1}, x_{i2}, \cdots, x_{im}$ 对 t 的第 $|E|+1$ 位有贡献，且在相加时，低位不会产生进位，因此 S' 和第 $|E|+1$ 位为 m。而 t 的第 $|E|+1$ 位为 k，且 S' 的和为 t，故 $m = k$。由此即知 V' 为 G 的一个大小为 t 的顶点覆盖。

综上即知，VERTEX-COVER $\propto_p$ SUBSET-SUM，从而 SUBSET-SUM $\in$ NPC。

7. 分割问题

分割问题（partition problem）与子集和问题密切相关。实际上，它是子集和问题的一个特例：如果 z 等于集合 S 中所有整数的和，那么目标 t 恰好等于 $z/2$。换句话说，分割问题的目标是确定是否存在一个对集合 S 的分割使得将集合 S 被分割为两个不相交的集合 S' 和 S''，即集合 S 中的每个整数要么在 S' 中，要么在 S'' 中，但不可能既在 S' 中，又在 S'' 中（这就是将集合 S 分割为 S' 和 S'' 的含义）并且在集合 S' 中的整数和等于在集合 S'' 中的整数和。与子集和问题一样，分割问题的证书也是 S 的一个子集。

为了证明分割问题是 NP 难的，我们将子集和问题归约到分割问题（这没什么好吃惊的）。给定一个正整数集合 R 和一个

正整数目标 t 作为子集和问题的输入,在多项式时间内我们构建一个集合 S 作为分割问题的输入。首先,计算 z 为 R 中的所有整数和。假定 z 不等于 $2t$,因为如果 z 等于 $2t$,那么该问题就是一个分割问题(如果 $z = 2t$,那么 $t = z/2$,我们将尽力寻找 R 的一个子集,使得该子集和恰好等于那些不在该子集中的整数的和)。随后选择一个比 $t + z$ 和 $2z$ 都大的任意一个整数 y。将集合 S 定义为包含 R 中的所有整数和另外的两个额外整数:$y - t$ 和 $y - z + t$。因为 y 比 $t + z$ 和 $2z$ 都大,我们能推断出 $y - t$ 和 $y - z + t$ 均比 z 大(z 为 R 中所有整数之和),因此这两个整数都不可能在 R 中(因为 S 是一个集合,因此它里面的所有元素都必须不同,同时我们也知道 z 不等于 $2t$,那么一定能得出 $y - t \neq y - z + t$,因此这两个整数也不相同)。注意 S 中所有整数的和等于 $z + (y - t) + (y - z + t)$,这恰好等于 $2y$。因此,如果 S 被分割为两个具有相同累加和的不相交的子集,那么每个子集的累加和必定均等于 y。

为了证明归约是如何进行的,我们需要证明 R 中存在一个子集 R',其所有整数的累加和等于 t 当且仅当存在一个对 S 的分割 S' 和 S'',且 S' 中的整数和与 S'' 中的整数和相等。首先,假定 R 中的某个子集 R' 的所有整数和等于 t。那么那些在 R 中的但不在 R' 中的整数和必定等于 $z - t$。将 S' 定义为包含 R' 中的所有整数以及 $y - t$(因此 S'' 中包含所有不在 R' 中的整数以及 $y - z + t$。我们仅仅需要证明 S' 中的所有整数和为 y。这个证明相当简单:R' 中的所有整数和等于 t,再加上 $y - t$,我们就能得出总和为 y。

反之,假定存在一个对 S 的分割 S' 和 S'',这两个集合的和均为 y。假定在构成 S 时,我们向 R 中添加的两个整数($y - t$ 和 $y - z + t$)不可能同时在 S' 中,也不可能同时在 S'' 中。为什么呢?如果它们在同一个集合中,那么这个集合的和至少为 $(y - t) + (y - z + t)$,这等于 $2y - z$。但是已知 y 大于 z(事实上,y 比 $2z$ 还要大),因此 $2y - z$ 大于 y。因此,如果 $y - t$ 和 $y - z + t$ 在同一个集合中,那么集合中的元素和必定比 y 还要大。因此可以得出 $y-t$ 和 $y-z+t$ 中的其中一个在 S' 中,而另一个在 S'' 中。$y-t$ 在 S' 和 S'' 这两个集合中的哪个都没有关系,现我们假定 $y-t$ 在集合 S' 中。我们知道 S' 中的整数和等于 y,它意味着 S' 中除去 $y-t$ 之外的剩余整数和为 $y-(y-t)$,即 t。由于 $y-z+t$ 不可能同时也在 S' 中,我们知道 S' 中剩下的其他元素均来自于 R。因此,R 中存在一个整数和为 t 的子集。

8.哈密顿回路问题

给定无向图 $G=(V,E)$,判定其是否含有一哈密顿回路。

已知哈密顿回路问题是一个 NP 类问题。现在证明 3-SAT $\propto_p$ HAM-CYCLE。

给定关于变量 $x_1,x_2,\cdots,x_n$ 行的 3 元合取范式 $\theta=C_1C_2\cdots C_k$,其中每个 C_i 恰有 3 个因子。根据 θ 在多项式时间内构造与之相应的图 $G=(V,E)$,使得 θ 是可满足的当且仅当 G 有哈密顿回路。

构造用到两个专用子图,它们具有一些有用的特殊性质。在许多有趣的 NP 完全性的证明中常用到这两个子图。

第一个专用子图 A 如图 8-10(a)所示。图 A 作为另一个图 G 的子图时,只能通过顶点 a,a',b,b' 和图 G 的其他部分相连。注意到若包含子图 A 的图 G 有一哈密顿回路,则该哈密顿回路为了通过顶点 z_1,z_2,z_3 和 z_4,只能以图 8-10(b)和(c)的两种方式通过子图 A 中各顶点。因此,可以将子图 A 看作由边 a,a',b,b' 组成的,且图 G 的哈密顿回路必须包含这两条边中恰好一条边。为简便起见,用图 8-10(d)所示的图来表示子图 A。

图 8-11 中的图是要用到的第二个专用子图 B。图 B 作为另一个图 G 的子图时,只能通过顶点 b_1,b_2,b_3,b_4 和图 G 中其他部分相连。

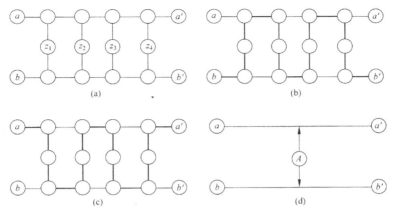

图 8-10　子图 A 的结构

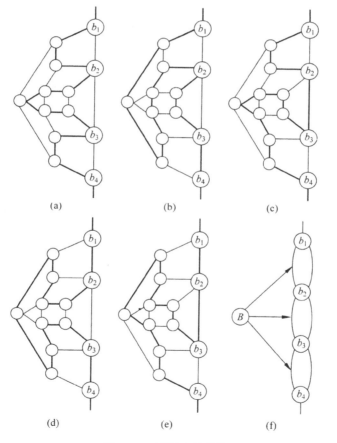

图 8-11　子图 B 的结构

图 G 的一条哈密顿回路不会全部通过 3 条边 (b_1,b_2)，(b_2,b_3)，(b_3,b_4)。否则它就不可能再通过子图 B 的其他顶点。然而，这 3 条边中任何一条或任何两条边都可能成为图 G 的哈密回路中的边。图 8-11 的 (a)～(e) 说明了 5 种这样的情形。还有 3 种情形可以通过对 (b)、(c) 和 (e) 中图形做上下对称顶点的交换得到。为简便起见，用图 8-11(f) 中图形表示子图 B，其中的 3 个箭头表示图 G 的任一哈密顿回路必须至少包含箭头所指的 3 条路径之一。

要构造的图 G 由许多这样的子图 A 和子图 B 所构成。图 G 的结构如图 8-12 所示。θ 中每一个合取式 C_i，$1 \leqslant i \leqslant k$，对应于一个子图 B，并且将这 k 个子图 B 串联在一起。也就是说，若用 $b_{i,j}$ 表示 C_i 所对应的子图 B 中的顶点 b_j，则将 $b_{i,4}$ 和 $b_{i+1,1}$ 连接起来，$i=1,2,\cdots,k-1$。这就构成图 G 的左半部。

对于 θ 中每个变量 x_m，在图 G 中建立两个与之对应的顶点 x'_m 和 x''_m。这两个顶点之间有两条边相连，一条边记为 e_m，另一条边记为 $\bar{e}_m$。这两条边用于表示变量 x_m 的两种赋值情况。当 G 的哈密顿回路经过边 e_m 时，对应于 x_m 赋值为 1，而当哈密顿回路经过边 $\bar{e}_m$ 时，对应于 x_m 赋值为 0。每对这样的边构成了图 G 中的一个 2 边环。通过在图 G 中加入边 (x''_m,x'_{m+1})，$m=1,2,\cdots,n-1$，将这些小环串联在一起，构成图 G 的右半部。

将图 G 的左半部（合取项）和右半部（变量），用上、下两条边 $(b_{1,1},x'_1)$ 和 $(b_{k,4},x''_n)$ 连接起来，如图 8-12 所示。

到此，还没有完成图 G 的构造，因为还没有建立变量与各合取项之间的联系。若合取项 C_i 的第 j 个因子是 x_m，则用一个子图 A 连接边 $(b_{i,j},b_{i,j+1})$ 和边 e_m；若合取项 C_i 的第 i 个因子是 $\bar{x}_m$，则用一子图 A 连接边 $(b_{i,j},b_{i,j+1})$ 和边 $\bar{e}_m$。

例如，当 $C_2=(x_1+\bar{x}_2+x_3)$ 时，必须在 3 对边 $(b_{2,1},b_{2,2})$ 和 e_1，$(b_{2,2},b_{2,3})$ 和 $\bar{e}_2$，$(b_{2,3},b_{2,4})$ 和 e_3 之间各用一个子图 A 连接，如图 8-12 所示。这里所说的用子图 A 连接两条边，实际上是用子

图 A 中 a 和 a' 之间的 5 条边以及 b 和 b' 之间的 5 条边取代要连接的两条边，当然还要加上连接顶点 z_1,z_2,z_3 和 z_4 的边。一个给定的因子 l_m 可能在多个合取项中出现，因此边 e_m 或 $\bar{e}_m$ 可能要嵌入多个子图 A。在这种情况下，将多个子图 A 串联在一起，并用串联后的边去取代边 e_m 或 $\bar{e}_m$，如图 8-13 所示。

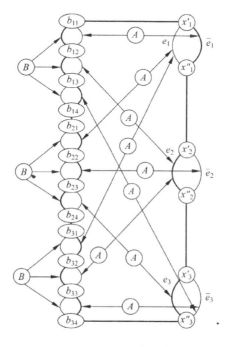

图 8-12　图 G 的结构

至此，已完成图 G 的构造。并且可以断言合取范式 θ 可满足当且仅当图 G 有一哈密顿回路。

最后，要说明图 G 的构造可在多项式时间内完成。事实上，θ 的每个合取项对应于图 G 中一个子图 B，总共有 k 个子图 B。θ 中每个合取项中的每个因子对应于一个子图 A，总共有 $3k$ 个子图 A。每个子图 A 和子图 B 的大小都是固定的，因此，图 G 有 $O(k)$ 个顶点和边。因此，可在多项式时间内构造出图 G。由此得出，3-SAT $\propto_p$ HAM-CYCLE，从而 HAM-CYCLE $\in$ NPC。

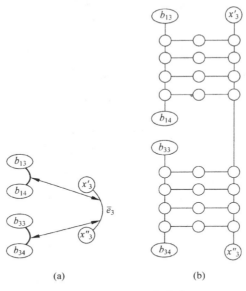

图 8-13　子图 A 的串联

8.3.4　NP 难的调度问题

1. 调度相同处理器

令 $P_i(1 \leqslant i \leqslant m)$ 是 m 个完全相同的处理器(或者机器)。例如 P_i 可以是计算机输出室的一台打印机。令 $J_i(1 \leqslant i \leqslant n)$ 是 n 个作业。作业 J_i 需要 t_i 的处理时间。一个调度 S 是对作业向处理器的一个分配。对于每个作业 J_i,S 需要明确处理它的时间区间以及处理器。在任意给定时刻,一个作业不能被超过一个的处理器同时处理。令 f 是作业 J_i 的结束时间。S 的平均结束时间(mean finish time,MFT)等于

$$\mathrm{MFT}(S) = \frac{1}{n} \sum_{1 \leqslant i \leqslant n} f_i$$

令 w_i 是作业 J_i 的权重。S 的加权平均结束时间(weighted mean finish time,WMFT)等于

$$\mathrm{MMFT}(S) = \frac{1}{n} \sum_{1 \leqslant i \leqslant n} w_i f_i$$

令 T_i 是处理器 B 结束所有分配给它处理的作业的时间。S 的结束时间(finish time, FT)等于

$$\mathrm{FT}(S) = \max_{1 \leqslant i \leqslant m} \{T_i\}$$

调度 S 是非抢占性调度(nonpreemptive schedule),当且仅当每个作业 J_i 自始至终都在同一个处理器上连续处理。在抢占性(preemptive)调度中,每个作业不一定在一个处理器上连续处理。

定理 8.5　划分问题 $\propto$ 最小结束时间非抢占性调度问题。

证明:我们证明当 $m = 2$ 时成立。扩展到 $m > 2$ 的情况是显而易见的。令 $a_i (1 \leqslant i \leqslant n)$ 是划分问题的一个实例。定义 n 个作业,其处理时间 $t_i = a_i, 1 \leqslant i \leqslant n$。存在结束时间最多为 $\sum \frac{t_i}{2}$ 的将这些作业分配到两个处理器的调度,当且仅当存在一个 a_i 的划分。

例 8.5　考虑如下划分问题的一个输入: $a_1 = 2, a_2 = 5, a_3 = 6, a_4 = 7, a_5 = 10$。对应的最小结束时间非抢占性调度问题的输入是 $t_1 = 2, t_2 = 5, t_3 = 6, t_4 = 7, t_5 = 10$。存在一个结束时间为 15 的非抢占性调度: P_1 分配作业 t_2 和 t_5; P_2 分配作业 t_1、t_3 和 t_4。这个解也对应一个划分问题的解: $\{a_2, a_5\}, \{a_1, a_3, a_4\}$。

定理 8.6　划分问题 $\propto$ 最小 WMFT 非抢占性调度问题。

证明:我们仍然证明当 $m = 2$ 时成立。扩展到 $m > 2$ 的情况是显而易见的。令 $a_i (1 \leqslant i \leqslant n)$ 是划分问题的一个实例。我们来构造一个 n 个作业两个处理器的调度问题,并且 $w_i = t_i = a_i$, $1 \leqslant i \leqslant n$。对于这组作业,存在一个 WMFT 最多为 $\frac{1}{2} \sum a_i^2 + \frac{1}{4} \left(\sum a_i \right)^2$ 的非抢占性调度 S,当且仅当存在一个 a_i 的划分。令分配到 P_1 上的作业的权重与时间分别为 $(\overline{w_1}, \overline{t_1}), \cdots, (\overline{w_k}, \overline{t_k})$, 分配到 P_2 上的是 $(\overline{\overline{w_1}}, \overline{\overline{t_1}}), \cdots, (\overline{\overline{w_l}}, \overline{\overline{t_l}})$。假设作业就是按照这个

次序在各自的处理器上被处理的。那么,对于调度 S 我们有:

$$n * \text{WMFT}(S) = \overline{w}_1 \overline{t}_1 + \overline{w}_2(\overline{t}_1 + \overline{t}_2) + \cdots + \overline{w}_k(\overline{t}_1 + \overline{t}_2 + \cdots + \overline{t}_k)$$
$$+ \overline{\overline{w}}_1 \overline{\overline{t}}_1 + \overline{\overline{w}}_2(\overline{\overline{t}}_1 + \overline{\overline{t}}_2) + \cdots + \overline{\overline{w}}_l(\overline{\overline{t}}_1 + \overline{\overline{t}}_2 + \cdots \overline{\overline{t}}_l)$$
$$= \frac{1}{2} \sum w_i^2 + \frac{1}{2}\left(\sum \overline{w}_i\right)^2 + \frac{1}{2}\left(\sum w_i - \sum \overline{w}_i\right)^2$$

因此,$n * \text{WMFT}(S) \geqslant \frac{1}{2}\sum w_i^2 + \frac{1}{4}\left(\sum w_i\right)^2$。能够达到最小值当且仅当 w_i(也是 a_i)存在一个划分。

例 8.6   考虑如下划分问题的一个输入:$a_1 = 2, a_2 = 5, a_3 = 6, a_4 = 7, a_5 = 10$。这里 $\frac{1}{2}\sum a_i^2 = \frac{1}{2}(2^2 + 5^2 + 6^2 + 7^2 + 10^2) = 107$,$\sum a_i = 30$ 并且 $\frac{1}{4}\left(\sum a_i\right)^2 = 225$。因此 $\frac{1}{2}\sum a_i^2 + \frac{1}{4}\left(\sum a_i\right)^2 = 107 + 225 = 332$。对应的最小 WMFT 非抢占性调度问题的输入是 $w_i = t_i = a_i, 1 \leqslant i \leqslant 5$。如果我们为 P_1 分配作业 t_2 和 t_5;为 P_2 分配剩余的作业,那么

$$n * \text{WMFT}(S) = 5 * 5 + 10(5 + 10) + 2 * 2 + 6(2 + 6)$$
$$+ 7(2 + 6 + 7) = 332$$

这个解也对应一个划分问题的解。

2. 流水车间调度

定理 8.7   划分问题 ∞ 最小结束时间抢占性流水车间调度问题($m > 2$)。

证明:我们只用 $m = 3$ 个处理器。令 $A = \{a_1, a_2, \cdots, a_n\}$ 是划分问题的一个实例。我们构造如下抢占性的流水车间实例 FS:$n + 2$ 个作业,$m = 3$ 台机器,每个作业最多有两个非零的任务:

$$t_{1,i} = a_i; t_{2,i} = 0; t_{3,i} = a_i, 1 \leqslant i \leqslant n$$
$$t_{1,n+1} = \frac{T}{2}; t_{2,n+1} = T; t_{3,n+1} = 0$$

$$t_{1,n+2} = 0 \, ; t_{2,n+2} = T \, ; t_{3,n+2} = \frac{T}{2}$$

其中，$T = \sum_1^n a_i$。

下面我们证明这个流水车间问题实例有一个结束时间最多为 $2T$ 的抢占性调度，当且仅当 A 存在一个划分。

（1）如果 A 存在一个划分 u，那么存在一个结束时间为 $2T$ 的抢占性调度。

（2）如果 A 不存在划分，那么所有 FS 的抢占性调度的结束时间必须大于 $2T$。我们可以用反证法来证明。假设 FS 存在一个结束时间最多为 $2T$ 的抢占性调度。对于这个调度我们有如下的观察：

① 任务 $t_{1,n+1}$ 必须在时间 T 就完成了，因为只有在 $t_{1,n+1}$ 完成之后，$t_{2,n+1} = T$ 才能开始。

② 任务 $t_{3,n+2}$ 不能早于 T 时间开始，因为 $t_{2,n+2} = T$。

观察 ① 意味着在处理器 1 上，前 T 个单位时间中的 $\dfrac{T}{2}$ 个单位时间是自由的。令 V 是处理器 1 上到时间 T 时结束的任务的下标的集合（包括 $t_{1,n+1}$）。那么

$$\sum_{i \in V} t_{1,i} < \frac{T}{2}$$

因为 A 不存在划分，因此

$$\sum_{\substack{i \notin V \\ 1 \leqslant i \leqslant n}} t_{3,i} > \frac{T}{2}$$

V 中不包含的那些任务在处理器 3 上只能等到时间 T 之后才能处理，因为它们在处理器 1 上的处理直到时间 T 才完成。这与观察 ② 一起隐含着在时间 T，留给处理器 3 的处理任务有

$$t_{3,n+2} + \sum_{\substack{i \notin V \\ 1 \leqslant i \leqslant n}} t_{3,i} > T$$

因此调度的长度必然大于 $2T$。

3.作业车间调度

作业车间调度与流水车间调度一样,都有 m 个不同的处理器。n 个需要完成的作业包含几个任务。作业 J_i 的第 j 个任务的时间是 $t_{k,i,j}$。任务 j 需要在处理器 P_k 上完成。任意作业 J_i 的任务需要按照 $1,2,3,\cdots$ 的顺序完成。任务 j 需要等到任务 $j-1$(如果 $j>1$)完成之后才能开始。也有可能一个作业有多个任务需要在一台处理器上完成。在非抢占性调度中,一旦一个任务开始了,它就将不受任何打扰地执行完毕。FT(S) 和 MFT(S) 可以很自然地扩展到这个问题上。即使 $m=2$ 时,无论是抢占性的还是非抢占性的,得到最小结束时间调度都是 NP 难的。非抢占性调度的证明是比较容易的(使用划分)。我们下面来证明抢占性调度的情况。我们给出的证明对于非抢占性调度也成立,不过不是证明非抢占性调度问题的最简洁的证明方法。

定理 8.8 划分问题 ∞ 最小结束时间抢占性作业车间调度问题($m>1$)。

证明:我们只用两个处理器。令 $A=\{a_1,a_2,\cdots,a_n\}$ 是划分问题的一个实例。我们构造如下作业车间实例JS:$n+1$ 个作业,$m=2$ 台机器:

作业 $1,2,\cdots,n$:$t_{1,i,1}=t_{2,i,2}=a_i,1\leqslant i\leqslant n$

作业 $n+1$:$t_{2,n+1,1}=t_{1,n+1,2}=t_{2,n+1,3}=t_{1,n+1,4}=\dfrac{T}{2}$

其中,$T=\sum_1^n a_i$。

下面我们证明这个作业车间问题实例有一个结束时间最多为 $2T$ 的抢占性调度,当且仅当 A 存在一个划分。

① 如果 A 存在一个划分 u,那么存在一个结束时间为 $2T$ 的抢占性调度。

② 如果 A 不存在划分,那么所有JS的抢占性调度的结束时间必须大于 $2T$。假设JS存在一个结束时间最多为 $2T$ 的抢占性调度。那么作业 $n+1$ 必须如图 8-14 示的那样调度,并且 P_1 或者

P_2 上不能有空闲的时间。令 R 是处理器 P_1 上在时间区间 $\left[0, \dfrac{T}{2}\right]$ 调度的任务集合。令 R' 是 R 中那些第一个任务在 P_1 上进行的任务子集。因为 A 不存在划分，因此 $\sum_{j \in \mathbf{R}'} t_{i,j,1} > \dfrac{T}{2}$。相应地，$\sum_{j \in \mathbf{R}'} t_{2,j,2} < \dfrac{T}{2}$。因为 R' 中的作业只有第二个任务可以在 P_2 上时间区间 $\left[\dfrac{T}{2}, T\right]$ 内进行，那么在这个时间区域内 P_2 存在空闲时间。因此 S 的结束时间要超过 $2T$。

$\{t_{1,i,1} \mid i \in u\}$	$t_{1,n+1,2}$	$\{t_{1,i,1} \mid i \notin u\}$	$t_{1,n+1,4}$
$t_{2,n+1,1}$	$\{t_{2,i,2} \mid i \in u\}$	$t_{2,n+1,3}$	$\{t_{2,i,2} \mid i \notin u\}$

图 8-14　一个调度

参考文献

[1] 吕国英,李茹,王文剑.算法设计与分析[M].3 版.北京:清华大学出版社,2015.

[2](美) 托马斯·H·科尔曼著.算法基础打开算法之门[M].王宏志译.北京:机械工业出版社,2016.

[3] 骆吉州.算法设计与分析[M].北京:机械工业出版社,2014.

[4] 李洲.基于通用处理器对 LTE-A 上行数据信道接收算法的研究[D].北京:北京邮电大学,2013.

[5] 赵瑞阳,刘福庆,石洗凡.算法设计与分析——以 ACM 大学生程序设计竞赛在线题库为例[M].北京:清华大学出版社,2015.

[6] 王晓东.算法设计与分析[M].北京:清华大学出版社,2014.

[7] 宫兴荣.求解多维背包约束下下模函数最大值问题的近似算法及性能保证[D].兰州:兰州交通大学,2013.

[8] 王晓云,陈业纲.计算机算法设计、分析与实现[M].北京:科学出版社,2012.

[9](美)Henry S,Warren Jr 著.算法心得:高效算法的奥秘[M].爱飞翔译.北京:机械工业出版社,2014.

[10](美) 塞奇威克(Sedgewick,R),韦恩(Wayne,K) 著.算法分析导论[M].4 版.谢路云译.北京:人民邮电出版社,2012.

[11] 王中玉.基于膜创生膜系统的 3-SAT 及 SAT 问题求解方法[D].武汉:华中科技大学,2013.

[12] 徐子珊.从算法到程序(从应用问题编程实践全面体

验算法理论）[M].北京:清华大学出版社,2013.

[13]周培德.计算几何 —— 算法设计与分析[M].4 版.北京:清华大学出版社,2011.

[14]D P Williamon,D B Shmoys. The Design of Approximate Algorithms[M]. Cambridge:Cambridge University PteSS,2010.

[15]沈孝钧.计算机算法基础[M].北京:机械工业出版社,2013.

[16]邹恒明.算法之道[M].2 版.北京:机械工业出版社,2012.

[17]王秋芬,吕聪颖,周春光.算法设计与分析[M].北京:清华大学出版社,2011.

[18]严蔚敏,吴伟民.数据结构[M].北京:清华大学出版社,2011.

[19]程杰.大话数据结构[M].北京:清华大学出版社,2011.